稀土发光调制——理论与实践

Rare Earth Luminescence Modulation —Theory and Practice

吕锐婵　王燕兴　王展　田捷　编著

西安电子科技大学出版社

内容简介

稀土发光调制是近年来研究者在理论上探讨并取得较好潜在应用实践成果的领域，也是近年来生物成像领域最活跃的分支之一。稀土发光广泛用于工业照明、半导体、能源等领域，近年来在太阳能电池、生物成像等领域成为研究热点。本书较全面地介绍了稀土发光理论、稀土发光调制策略，以及稀土发光在生物诊断、光治疗领域的应用。同时，本书内容也涉及最新的人工智能结合材料信息学用于发光调制以及稀土发光应用典型案例。书中还提供了相关算法的详细介绍，以供读者需要时参考。另外，本书还介绍了光谱学结合机器学习用于疾病检测的相关方法和示例，并预测了其在疾病检测领域的应用前景，以供读者进一步思考。

本书可供高等院校生物医学工程(生物材料)专业学生阅读，也可供从事稀土发光材料、人工智能结合材料信息学研究的工程技术人员及科研人员参考。

图书在版编目(CIP)数据

稀土发光调制：理论与实践/吕锐婵等编著. --西安：西安电子科技大学出版社，2023.6
ISBN 978 - 7 - 5606 - 6750 - 8

Ⅰ. ①稀…　Ⅱ. ①吕…　Ⅲ. ①稀土族—发光材料—调制技术　Ⅳ. ①TB39

中国国家版本馆 CIP 数据核字(2023)第 032930 号

策　　划　高　樱
责任编辑　高　樱
出版发行　西安电子科技大学出版社(西安市太白南路 2 号)
电　　话　(029)88202421　88201467　　邮　　编　710071
网　　址　www.xduph.com　　电子邮箱　xdupfxb001@163.com
经　　销　新华书店
印刷单位　陕西天意印务有限责任公司
版　　次　2023 年 6 月第 1 版　2023 年 6 月第 1 次印刷
开　　本　787 毫米×960 毫米　1/16　印张 10
字　　数　178 千字
印　　数　1～1000 册
定　　价　27.00 元
ISBN 978 - 7 - 5606 - 6750 - 8/TB

XDUP 7052001 - 1

＊＊＊如有印装问题可调换＊＊＊

序

稀土发光材料可广泛应用于工业照明、半导体、能源等领域，本人长期从事半导体器件和材料研究，很关注该领域的研究与进展。近年来，稀土发光材料在太阳能电池、生物成像等新型领域开始得到关注和应用。经历了从 UV-Vis、NIR-Vis 到 NIR-NIR 的转变，稀土发光从理论到应用展现出了很大的潜力。其中，近红外(NIR)成像由于处于生物透明窗口，具有高穿透、高分辨的成像能力，因而在生物成像领域具有较好的应用前景。

吕锐婵教授等所编著的《稀土发光调制——理论与实践》一书系统介绍了稀土发光理论、稀土发光调制策略，以及稀土发光在生物诊断、光治疗领域的应用；同时涉及最新的人工智能结合材料信息学用于发光调制以及稀土发光应用典型案例和相关算法；另外还介绍了光谱学结合机器学习用于疾病检测的相关方法、示例和应用前景。

本书介绍的稀土发光调制策略主要包括：金属掺杂、采用核壳多层结构、元素掺杂、染料敏化、设计多功能多级结构、表面改性。在发光材料的生物学应用方面，本书主要介绍了生物成像、诊疗一体及术中导航。值得一提的是，作者还介绍了他们近期的相关研究成果，包括从理论上提出了人工智能结合材料信息学用于发光调制，例如离散偶极子近似(DDA)模拟算法、启发式算法、回归算法和支持向量机等。这些方法区别于从基质、敏化剂、激活剂等能级跃迁角度上进行的发光调制方法。优化算法用于发光调制，能更迅速地为发光最优寻找路径。本书除了介绍稀土发光用于多尺度(纳米到微米再到厘米，分子到细胞再到组织)成像分辨率的提高，还介绍了超越光学成像的多模态成像以及稀土发光在临床和人工智能辅助诊疗方面的内容。

从生物学应用角度来看，光学检测、成像方式和检测仪器通常在灵敏度和特异性上具有此消彼长和难以平衡的特点，但纳米化学技术确实能够促进检测水平的进一步提高，这就是稀土发光材料在光学检测(探针＋仪器)方面具有重要影响的原因。

总之，本书涉及的稀土发光调制是近年来作者在理论和应用实践方面的成果汇集。由于该领域是近年来生物成像领域最活跃的分支之一，相信本书无论在稀土发光材料本身，还是在相关技术的应用方面，都会对该领域的科研人员、研究生和大学生以及广大读者有所帮助。

中国科学院院士

2022 年 12 月 5 日

前　　言

稀土发光探针具有独特的特性，21世纪初很多研究都涉及从红外(IR)到较短波长的光子上转换发光(UCL)的生物医学应用。自2015年来，研究者开始研究使用稀土的下转换发光(DSL)产生近红外(NIR)发射，使发光或成像波长位于生物透明窗口(如NIR Ⅱ和NIR Ⅲ)，以实现深层组织穿透，显著减少散射，从而完成三维深层组织成像。特别地，利用人工智能和机器学习来改进制备含有稀土离子、优化多壳层结构的化学组合的方法；利用材料信息学(元启发式算法)和机器学习，采用超越经验和试错的方式，进一步提高传统最优发光粉的发光强度和效率。

为了简明扼要地展示稀土发光在生物医学领域的研究成果和进展，本书着重总结了稀土探针的发光机理、调制及生物应用，而对具体的合成工艺及表征手段读者则最好结合实际操作来加深理解。

本书前三章介绍了稀土探针的发光机理并创新性地提出了材料信息学在此领域的应用。首先使用能级图展示了最经典的上转换发光和下转换发光，并介绍了用于增强发光的策略。这些策略包括：使用染料敏化稀土发光(天线效应收集光子)；通过金属和其他元素掺杂进行发光调制；以最小的产热控制激发态光子的核壳结构；表面修饰官能团及抗体提高生物相容性和靶向性；设计用于多模态、CT、光声、Cerenkov、上转换发光和NIR Ⅱ成像的多级复合纳米结构。然后，创新性地提出了人工智能和机器学习辅助材料信息学，包括离散偶极子近似(DDA)模拟算法、启发式算法、回归算法和支持向量机等，通过优化掺杂元素及其浓度并搜索关键影响元素，为纳米化学提供有价值的参考。与传统的通过试错或依赖经验的实验方法相比，这里提出的实验方法可以进一步提高传统最优发光粉的发光效率。

本书第四、五章详细介绍并回顾了稀土探针的生物应用。拥有UV/Vis的上转换发光和NIR Ⅱ/NIR Ⅲ区的下转换发光是稀土的一个显著优势，这个优势使其能够同时用于成像(细胞显微成像及活体多尺度成像)和光治疗。稀土探针在生物方面的应用具体包括：用多壳纳米粒子在NIR Ⅱ/NIR Ⅲ区进行具有最小副作用的靶向治疗；纳米光子探针的表面改性用于体外/体内深层组织生物成像；用于增强光强度和信噪比的多模态成像。此外，稀土探针还可用于传感；成像引导的协同治疗(光动力疗法、光热疗法、光激活疗法)；控制药物释放，提高药物利用率，进一步减小副作用。

本书第六章提供了与临床治疗相关的稀土纳米探针的典型案例，如使用光遗传进行脑成像及疾病监测，使用开发的 NIR Ⅱ成像仪进行临床前术中导航，使用正交激光照射的疾病诊疗等，充分展示了 NIR Ⅱ成像探针及导航仪在疾病诊疗领域的潜在应用价值。

本书第七章介绍了光谱学(包括 FTIR、拉曼、太赫兹、荧光光谱等)结合机器学习方法在疾病检测中的重要作用。书中通过举例，说明该方法如何用来区分疾病类型，并指出其进一步提高分类准确性的可能。这种可能拓宽了光谱学的应用范围，并将对疾病检测的发展有所帮助。

本书第八章对稀土发光及其应用进行了总结与展望。

书中全部图片经相应的参考文献许可转载，版权归相应作者或出版社所有。此外，书中大部分图片给出了相应的英文原版彩图，读者可通过扫描二维码的方式获取相应的资源，以进行拓展阅读。

本书是在过去几年“生物材料与信息转化”课题组共同研究的基础上撰写的，课题组长期从事稀土发光及分子影像相关工作，获得了国家自然科学基金(81801744)、国家重点研发计划(2017YFA0205202、2018YFC0910602 和 2017YFC130910)、中央高校基本科研业务费专项资金等资助，发表了一系列高水平论文，授权了多项专利。

本书在编写过程中得到了很多帮助，感谢纽约州立大学 Paras N. Prasad 教授和 Micah Raab 博士在深度成像方面的指导，感谢田捷老师在 NIR Ⅱ术中导航方面的指导，感谢林君老师多年来在稀土发光理论上的指导，感谢王燕兴博士、王展硕士指出本书初稿的错误并对初稿进行了校对。

由于编者水平有限，书中难免存在不妥之处，恳请读者批评指正，不胜感激。

吕锐婵

2023 年 2 月

目　　录

绪　论

癌症是导致人类死亡的主要原因之一，对早期癌症的诊断和治疗进行深入研究是有必要的[1-4]。纳米化学的发展使早期癌症诊断和治疗领域的状况迅速改善，促进了有效的癌症预防，提高了患者的五年生存率[5-10]。另外，光学成像研究在体内和体外成像中已经取得了许多成就[11]，目前可以提供具有较高的空间分辨率、灵敏度和良性组织与恶性肿瘤对比度的影像。因此，它适用于从细胞到宏观尺度的观察，有利于进行全面的诊断[12-14]。然而，组织对光的吸收和散射强、探针量子效率低、成像穿透深度浅、准确进行算法重建难等技术限制也阻碍了光学成像在临床上的应用。

目前，纳米技术和生物光子学领域已经引入了一些增强稀土发光的策略，比如：通过使用新的有机-无机复合材料来提高近红外激发下的上转换可见光和下转换近红外光的发光效率[15-20]。这些复合材料作为发光探针对疾病的早期诊断和癌细胞的追踪很有帮助。此外，这些复合材料已被逐渐应用于其他纳米医学领域，比如光动力疗法(PDT)、光热疗法(PTT)、光遗传学以及通过荧光共振能量转移(FRET)和分子间电荷转移等机制检测钙离子和钾离子[21, 22]。吲哚菁绿(ICG)是一种广泛使用的近红外染料，可用于PDT和PTT，然而该染料的应用因为由聚集引起的淬灭、水稳定性差和缺乏目标特异性而受到限制[23]。稀土(RE)复合探针可以产生下转换发光(DSL)，允许在生物透明窗口中成像，其中生物透明窗口包括NIR Ⅰ(600～1000 nm)、NIR Ⅱ(约1000～1500 nm)和NIR Ⅲ(1500～1800 nm)[24-27]。这些特定窗口的光在生物介质中散射减少是众所周知的。这些RE探针也能够产生用于各种治疗的上转换发光(UCL)，并且具有较高的化学物理稳定性、可调控的发射波长和易于实现生物功能化的特性。这些特性表明，稀土纳米粒子(RENP)具有很好的生物应用前景[28-30]。单个RE探针若被设计成具有高分辨率的光学NIR Ⅱ成像[15]和具有高穿透力的磁共振成像(MRI)双模式成像探针，则非常适合应用于生物成像领域。此外，RE探针还被广泛用于光传感器、光遗传学、光敏疗法和疾病治疗学领域[31-39]。

即使设计的成像探针对体外成像有效[40]，其通过全身循环靶向运输到病变部位的敏感性和特异性仍然存在问题[41]。这意味着为了有效进行体内成像和体外检测，除提高发光强度之外，还必须考虑增强 RENP 对病灶的靶向和特异性[13, 42-44]。现在的靶向策略已经从被动变为主动和外部反应。临床上，最常用的稀土 MRI 造影剂仍然是 1988 年批准的 Gd-DTPA 小分子稀土造影剂[45]。这种造影剂没有特异性，静脉注射后容易被肾小球过滤掉，有肾毒性的风险，而且可能在骨骼和大脑中积累多年[46]。纳米技术的发展促进了医学的精确性，最初的纳米技术已经能够通过化学合成方法设计出具有不同形状、尺寸和表面电位的光学探针，该技术具有增强渗透滞留(EPR)效应，可以被动地靶向小肿瘤细胞。然而这种被动的 EPR 靶向策略效果仍不明显，因此研究人员还利用了其他两种常见的主动靶向策略，即肿瘤微环境(TME)[47-49]靶向和外部反应靶向。另外，纳米化学构建的多孔结构具有巨大的比表面积，在使用靶向标记时，可以增强靶向效果[50, 51]。主动的肿瘤微环境靶向包括酸度(低 pH 值)、高温、缺氧、由沃伯格效应产生的异常糖酵解，以及某些突变基因转录翻译的蛋白高表达。肿瘤微环境对于肿瘤的意义就像土壤对于种子的意义，即它对促进肿瘤的发展，如肿瘤血管生成(VEGF、FGFR、IL-6 等)、肿瘤发生(ROS、RNS)、肿瘤发展(IL-6、IL-10、CXCL8、EGF-β 等)、肿瘤免疫抑制(CCL2、CCL5、IL-10、PD-L1)和细胞外基质(ECM)重塑(MMP-2、MMP-7、MMP-9、TGF-β、IL-6)等有着重要的作用[52-63]。利用肿瘤微环境靶向不仅可以改进药物输送，还可以克服药物的一些局限性，包括小分子药物的低水溶性、抗体的低稳定性以及化疗药物的耐药性。外部反应靶向是指外源性刺激方法，如 X 射线、光、声波、无线电和磁。近年来，主动靶向策略利用叶酸、转铁蛋白、整合素配体、跨膜肽和抗体来修饰纳米探针的表面，以靶向肿瘤中异常表达的蛋白质和多糖[64-68]。分子靶向策略经历了从单分子靶向策略到多分子靶向策略的发展过程。虽然这些靶向策略的靶向增强程度不同，但所有这些策略的联合使用使得成像特异性可以与成像的敏感性和稳定性一起增强[69, 70]。

综上，生物可降解探针的结构、有效的能量传递过程及进一步的实际临床应用被广泛研究以提高疾病的诊断和治疗效果。当 RENP 被用于精确的疾病诊断时，其敏感性(发光强度)和特异性(靶向策略)应同时得到改善。本书介绍了纳米化学结合材料信息学辅助的发光调制，并讨论了稀土探针用于发光辅助的生物成像(分辨率和穿透深度两个维度)、诊疗一体(光热、光动力、光刺激等协同治疗)及术中导航等。本书内容的关联示意图如图 0-1 所示。

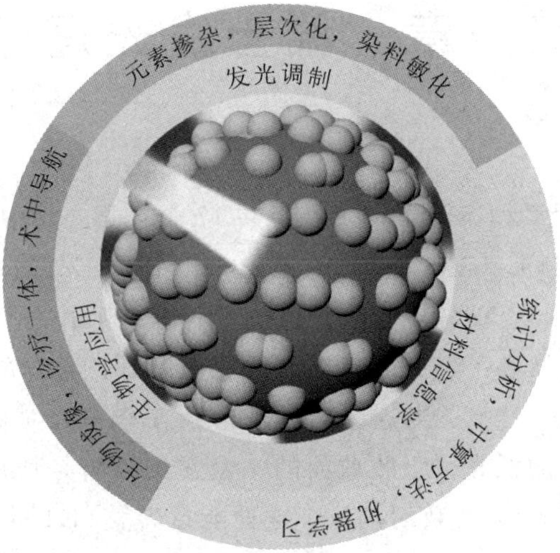

图 0-1　本书内容的关联示意图

第一章　稀土发光理论

稀土元素包括镧系元素和 Sc(钪)、Y(钇)共 17 个元素。其中镧系元素包括：轻稀土，即 La(镧)、Ce(铈)、Pr(镨)、Nd(钕)、Pm(钷)、Sm(钐)、Eu(铕)；中重稀土，即 Gd(钆)、Tb(铽)、Dy(镝)、Ho (钬)、Er(铒)、Tm(铥)、Yb(镱)、Lu(镥)。稀土元素具有多个 f 能级，因此稀土光子的上转换和下转换具有丰富的能级跃迁。通常情况下，稀土离子的 4f 轨道之间的跃迁是被禁止的。然而，当这些离子被掺杂在非中心对称的宿主中时，则会发生能级跃迁。克服稀土离子的低光子吸收截面的一个常见策略是使用敏化剂，敏化剂可以有效地吸收激发能量并将其转移到激活剂中。这种能量转移(ET)可以是荧光共振能量转移(FRET)或 Dexter 能量转移(DET)。FRET 基于激发能量供体和受体之间的偶极-偶极相互作用，能量转移的速率随供体和受体之间距离(R)的减小而增大，且与 $1/R^6$ 成正比。能量转移到激活剂之后，可以通过下转换或上转换发光。

根据斯托克斯(Stokes)定律，材料只有受到高能量的光激发，才能发射出低能量的光，即材料只有经短波长、高频率的光激发，才能发射出长波长、低频率的光(下转换发光)。而上转换发光则与之相反。上转换发光是指材料连续吸收两个或者多个光子，导致发射波长短于激发波长的发光类型，我们亦称之为反斯托克斯(Anti-Stokes)发光。在下转换发光中，处于激发态的电子可能会弛豫到一个较低能量的中间态产生发射。在这种情况下，下转换发光的能量低于激发的能量。稀土离子的 4f 轨道被外部的 5s 和 5p 轨道所屏蔽，使得这些轨道被保护而不受环境的影响。因此，4f-4f 能级的能量转换通常产生狭窄的发射带。基质的声子能量是一个重要的考虑因素，因为这个能量决定了声子辅助失活的程度。常用的基质材料有氧化物、氟化物、氟氧化物、硫氧化物、磷酸盐和钒酸盐等[71-73]。

1.1　下转换发光过程

理论上，具有丰富能级的 RE 元素可以作为下转换发光材料的激活剂[74]。但实际上，只有几种稀土离子，如 Eu、Sm、Tb 和 Dy 离子在紫外线(UV)的激发下才可以在可见光区域产生下转换发光[75-77]。800 nm 或 980 nm 激发可以用来产生波长长于 1000 nm 的下转换发光。特别是可以通过 Nd、Yb/Er 和 Tm 离子的适当激发，产生 1064 nm、1350 nm、1550 nm 和 1800 nm 的下转换发光。掺杂这种稀土离子的纳米粒子被很好地开发出来用于下转换发光，具有较高的信噪比，在生物组织中也具有更强的穿透性。

在下转换发光能量转移过程中，量子剪裁具有很大的应用前景。如图 1－1(a)～(c)所示，除自激发下转换发光外，还存在着敏化剂吸收能量后传递给激活剂产生的下转换发光，以及研究较多的量子剪裁。在量子剪裁中，由较短波长的高能光子在稀土离子中产生的光激发，转换为两个相邻离子到两个较低的能量状态的激发，然后发射出两个较长波长的光子作为下转换发光。在第三个过程中，下转换发光实际上是通过光子倍增(吸收一个光子，发出两个光子)而得到加强的。这种由近红外激发产生的红外下转换发光对生物成像具有重要意义。Wegh 等人论证了在紫外线照射下使用两种典型发光粉 $LiGdF_4$:Eu 和 $LiGdF_4$:Er，Tb 进行量子剪裁的可行性[78]。通过这种两步能量转移过程可以高度优化下转换发光效率，使光致发光量子产率(PLQY)达到 200%。纽约州立大学 Paras N. Prasad 课题组的 Shao 等人已经使用聚集诱导发光(AIE)染料，使得在 405 nm 激发下，量子剪裁下转换发射 980～1000 nm 的发光强度提高了 2260 倍[79]。使用量子剪裁的一个基本挑战仍然是如何使用近红外激发来获得进一步的红外下转换发光。Ishii 和 Miyasaka 展示了 Yb，Er 掺杂的氯化铅铯 $CsPbCl_3$ 薄膜，由于 Yb 在 983 nm 的近红外光的吸收率增强，因此 PLQY 超过 130%[80]。

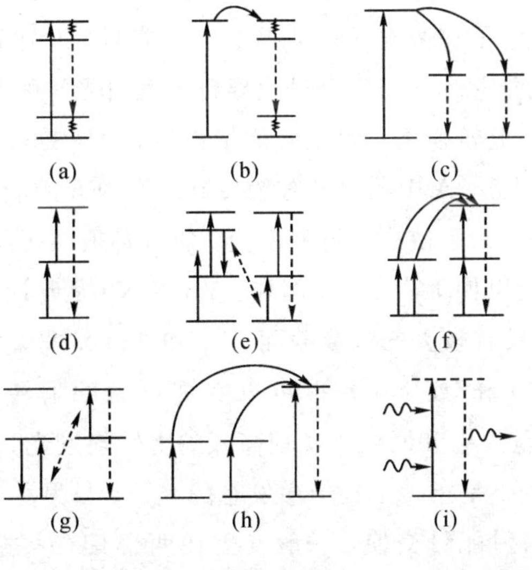

图 1－1　下转换发光能级图及不同的上转换发光机制

(a) 自激发；(b) 敏化/激活；(c) 量子剪裁；(d) 激发态吸收(ESA)；(e) 光子雪崩(PA)；(f) 能量转移(ET)；(g) 交叉弛豫(CR)；(h) 协同上转换(CU)；(i) 二次谐波(SHG)

1.2 上转换发光过程

上转换发光通过吸收多个近红外光子，可实现从紫外区到可见光区的发射。这种不寻常的反斯托克斯发射特性吸引了众多研究者，并且具有广泛的应用方向，包括但不限于无背景生物传感、显微镜技术、光触发的纳米医学、光遗传学、全彩显示器、防伪油墨、太阳能收集和光催化等领域。图 1-1(d)～(i)显示了产生上转换发光的一些机制：激发态吸收(ESA)、光子雪崩(PA)、能量转移(ET)、交叉弛豫(CR)、协同上转换(CU)、二次谐波(SHG)，这些是产生上转换发光的六个典型过程[81-84]。

(1) 在激发态吸收(ESA)过程中，一个电子在吸收另一份光子能量之前已经从基态 G 被激发到了亚稳态能级 E_1，这个光子吸收另一份能量后，使激发的电子从亚稳态能级 E_1 上转换跃迁到激发能级 E_2。一般来说，稀土离子的激发态吸收(ESA)需要 $G \rightarrow E_1$ 和 $E_1 \rightarrow E_2$ 跃迁之间的近似共振，以及电子在能级 E_1 的长寿命。这种长寿命使稀土离子能够连续吸收光子，进而被激发到高能级[85]。激发态吸收(ESA)在电子衰变到基态 G 之前可能会发生多次，同时发射出比入射光子能量更高的光子。

(2) 光子雪崩(PA)是激发态吸收(ESA)和能量转移(ET)的一个组合过程。在高能量激发下，一个稀土离子的电子在激发状态下再次吸收能量，并通过不同稀土离子之间的交叉弛豫衰减到一个较低的能量水平。这个过程导致了发射光子的雪崩式增长。

(3) 在能量转移(ET)上转换中，激发的能量被敏化剂(Sensitizer，S)吸收并转移到激活剂(Activator，A)上。因此，A 中的电子被激发到一个更高的能级。这个过程在从 A 的上转换发光之前发生了多次。为了使这个过程发生，通常必须在所涉及的跃迁之间产生共振，并且 S 和 A 必须足够接近以使 ET 发生。例如，Yb 和 Nd 是常用的敏化剂，因为它们分别在 980 mm 和 800 nm 处具有较大的吸收截面。Er 和 Tm 是非常常见的上转换发光的激活剂[86-89]。特别是 Er 与 Yb 和/或 Nd 共掺可以实现可见的上转换发光[90]。Chan[91] 利用 $NaYF_4$：Er，Tm 中的能量集中和回收来实现高效的上转换发光。

(4) 交叉弛豫(CR)主要是指一个处于激发态的光子，与另一个处于基态的相邻离子通过声子弛豫而进行的非辐射能量交换，一般发生在两个具有共振电子跃迁的稀土离子之间。如图 1-1(g)所示，如果交叉弛豫使得发射光子的激活剂离子激发态能级的光子数增加(敏化剂的激发态能级的光子跃迁至低能级)，则激活剂会产生更强的上转换发光。然而，在一些能量转移过程中，稀土离子之间的交叉弛豫过程可能会削弱和淬灭 RENP 的高能量上转换发光，同时增强下转换 NIR Ⅱ发光。例如，Ce 和 Er 之间的交叉弛豫减少了 Er 的红色光发射(654 nm)，并增强了 1524 nm 处的下转换发光[92]。

(5) 协同上转换(CU)是指处于激发态的两个稀土离子同时将能量转移到第三个稀土离子的更高激发态所产生的上转换发光。请注意，在与敏化剂离子的激发态相互作用的发射体离子中没有中间亚稳态能级。最典型的协同上转换主要是掺杂 Yb，Tb 和 Yb，Eu 离子的体系[93-95]。

(6) 二次谐波(SHG)是指两个同样频率的光子与非线性材料相互作用之后，得到一个新的光子的过程，其能量是初始能量的两倍。注意：二次谐波与协同上转换过程的不同之处在于是否具有中间亚稳态能级。

1.3 浓度淬灭

稀土离子之间的浓度淬灭一直是发光 RENP 设计中的一个主要障碍，严重限制了它们在生物领域的应用。当掺杂物浓度过高时就会发生浓度淬灭，导致发光强度下降。发光强度由吸收截面及发光量子产率决定。发光量子产率 η_{PL} 由以下公式确定：

$$\eta_{PL}=\eta_{et}\eta_{isc}\frac{k_{ph}}{k_{ph}+k_{nr}+k_{CQ}} \tag{1-1}$$

式中，η_{et} 是能量转移效率，η_{isc} 为系间窜越效率，k_{ph}、k_{nr} 和 k_{CQ} 分别是辐射跃迁、非辐射跃迁和发光粉浓度淬灭的速率常数。

引起浓度淬灭的主要原因是荧光共振能量转移(FRET)、分子间光质电子转移和 Dexter 能量转移(DET)。FRET 基于供体(Donor)和受体(Accepter)之间的偶极-偶极相互作用，能量转移的速率 k 随供体与受体之间距离(R)的减小而增大，且与 $1/R^6$ 成正比，即

$$k=\frac{1}{T_{PL}}\left(\frac{R_0}{R}\right)^6 \tag{1-2}$$

式中，T_{PL} 是供体的固有辐射衰变时间，R 是供体与受体之间的距离，R_0 是 FRET 半径，也就是当供体与受体的能量转移效率减半时的距离。DET 是一种短程现象，能量转移的速率随供体与受体之间距离的减小呈指数下降(与 e^{-kR} 成比例，其中 k 是一个常数，其值取决于原子范德华半径)，并且受供体和淬灭分子空间轨道的重叠程度影响。当以上理论用在稀土发光纳米系统时，浓度淬灭是稀土离子掺杂剂浓度太高而导致发射强度降低的效应。通常，上转换纳米粒子(UCNP)包含两种稀土元素掺杂剂，即敏化剂(Sensitizer)和激活剂(Activator)。在 UCNP 中发生的浓度淬灭，主要是高掺杂的浓度导致掺杂剂之间能量转移

过程增加，以及激发态电子被材料表面的缺陷淬灭，从而观察到发光强度显著降低。为了避免发生浓度淬灭，通常掺杂剂的浓度都保持在一个相对较低的范围内，以确保掺杂剂离子之间的能量转移被禁止。根据拉波特选择规则，4f-4f 跃迁是对称禁止的，所以发光强度降低且衰减时间延长。

克服浓度淬灭常用以下几种方法：

(1) 包覆惰性外壳。在低发光的掺杂核上包覆惰性壳是一种常见的方法，可通过将发光核与表面淬灭剂隔离来避免表面淬灭。该方法通过防止敏化的光子能量转移到表面淬灭剂上，进一步帮助了高掺杂的 UCNP 保持高强度的上转换发光，从而为有害的淬灭作用提供了方便的解决方案。

(2) 增加激发光功率密度。在低辐照度的情况下，高掺杂 UCNP 中会发生浓度淬灭，因为附近的基态离子太多，会带走激发态离子的能量。通过使用高功率激发光或聚焦激发光束来提供高辐照度，将为大量的高掺杂离子提供足够的激发光子通量，使其中大部分离子被激发，降低基态离子的数量。有模型表明，高掺杂纳米晶体在高辐照度下的发光强度增加是由于激发态离子与基态离子之间的距离增大。该方法在减小以 Tm 或 Er 作为发射体的 UCNP 中浓度淬灭的阈值方面非常有效。

(3) 选择具有大晶胞尺寸的基质纳米晶体。纳米晶体中两种掺杂剂之间的最小距离取决于晶胞的尺寸。以 β-$NaYF_4$ 晶体结构为例，敏化剂与激活剂之间的平均距离可以使用以下公式估算：

$$d_{\beta\text{-NaYF}_4}=\left[\frac{a^2c\sqrt{3}/2}{1.5(x+y)}\right]^{1/3}$$

它是在忽略由 β-$NaYF_4$ 引起的晶格畸变的情况下从已知晶格参数演化而来的。参数 x 和 y 分别代表敏化剂和激活剂的掺杂浓度，而 a 和 c 是六边形晶胞的晶格参数。

(4) 实现掺杂剂的均匀分布。掺杂剂的均匀分布可以避免局部浓度淬灭。在实现掺杂剂分布的高度均匀性方面，逐层热注入策略在技术上优于传统的一锅法加热合成程序。可以通过控制前驱物的注入速率来实现对掺杂剂分布的埃斯特级规模的精确控制。详细内容可以在第二章查阅。

第二章　稀土发光调制策略

除了 RE 中 f-f 跃迁被禁止的事实，光子转换的额外限制因素还有表面缺陷和溶剂环境对其发光的负面影响，它们可以强烈淬灭 RENP 的发光[96-98]。为了提高 RENP 的生物应用性能，必须用不同的策略来抑制淬灭，如采用金属发光调制、核壳多层结构、元素掺杂、染料敏化、多功能多级结构、表面改性等。表 2-1 显示了在稀土纳米结构中增强光子转换的常见纳米化学策略。

表 2-1　在稀土纳米结构中增强光子转换的常见纳米化学策略

类型	稀土纳米结构及增强策略	激发	发射	增强效果（如无特别指出，均针对发光强度而言）	策略创新点	参考文献
上转换发光	金属调制：通过 Mn 调制 $KMnF_3$：Yb，Er	980 nm	660 nm	深度从 5 mm 增强为 10 mm	由掺杂离子之间有效的能量转移，得到了纯度极高的红色上转换发光和 NIR 发射带。这种策略具有探测更大的穿透深度的能力	[99]
下转换发光	金属调制：通过 Zn 调制 $NaYbF_4$：Nd，Ce@$NaYF_4$	980 nm	1550 nm	1.5 倍	锌掺杂改变了晶胞的局部对称性，增强了1550 nm 的发射强度	[100]
上转换发光	金属调制：通过 Au 调制 $NaYF_4$：Yb，Er@$NaYF_4$：Yb，Nd	808 nm	409 nm、543 nm 和 645 nm	2.18～2.96 倍	离散偶极子近似（DDA）模拟用于指导复合材料的设计，通过调制金纳米晶尺寸使得发光增强	[101]
上转换发光	核壳结构：$NaYF_4$：Er@$NaYF_4$	1523 nm	650 nm 和 540 nm	约 5 倍	外层惰性壳结合较高的 Er 浓度，允许在 1523 nm 激发下增强上转换发光	[102]
上转换发光	核壳结构：$NaGdF_4$：Yb，Tm@$NaGdF_4$：Eu	980 nm	450 nm 和 614 nm	103 000 倍	通过对核壳结构的介电超透镜调制来增强上转换发光	[103]
上转换发光	核壳结构：$NaGdF_4$：Er，Yb@$NaGdF_4$：Yb	980 nm	550 nm、660 nm 和 845 nm	3～8 倍	活性壳通过两种效应增强发射强度：保护核的亮度免受非辐射衰变和将被吸收的 NIR 转移到核	[104]
上转换发光	三层核壳结构：$NaYF_4$：Er@$NaYbF_4$@$NaYF_4$	980 nm	409 nm、540 nm 和 654 nm	100 倍	敏化剂和激活剂被分离，即使使用高浓度激活剂，也能抑制有害的交叉弛豫	[105]
上转换发光	三层核壳结构：$NaYF_4$：Yb，Er，Nd@$NaYF_4$：Yb@$NaYF_4$	800 nm 和 980 nm	540 nm 和 470 nm	10～125 倍	通过控制过渡层厚度和独特的屏蔽夹层结构，消除了有害的交叉弛豫	[106]

续表一

类型	稀土纳米结构及增强策略	激发	发射	增强效果(如无特别指出，均针对发光强度而言)	策略创新点	参考文献
上转换发光	三层核壳结构：$NaYF_4$：Yb，Tm@Er，Ho@Yb，Nd，Er	1560 nm、808nm 和 980 nm	650 nm、540 nm 和 470 nm	—	通过调节掺杂剂的浓度、组成和壳体位置/厚度而设计的纳米磷酸粉在三种 NIR 波激发下可以发出红、绿、蓝光	[107]
上转换发光	多级结构：Yb 离子	980 nm	409 nm	2000 倍	表面的光子可以增强氧螯合，降低热淬灭，从而强烈增强发光强度	[108]
上转换发光	多级结构：Gd_2O_3：Yb，Er@Au-PGEA	808 nm	654 nm	—	富羟基聚阳离子嫁接的 RE-Au-PGEA 具有增强的基因转染能力和多模态成像效果，具有较高分辨率和灵敏度	[109]
上转换发光	多级杂化结构：LuF_3：Yb，Er 菱形片	980 nm	545 nm 和 655 nm	484 倍	菱形片状 LuF_3：Yb，Er 利用 Yb 的局部光热效应(980 nm 激光照射下的定向高吸光度)证明了一种新的单粒子成像方法	[110]
下转换发光	多级结构：LnF_3	273 nm 和 395 nm	581 ～ 640 nm	109 倍(最高)	这种嵌入的双发光探针为原位精确跟踪复杂纳米结构内的微小结构变化和能量转移途径提供了巨大的优势	[111]
上转换发光	表面修饰：将 GdOF：Yb，Er，Mn@SiO_2 作为药物载体	980 nm	550 nm 和 650 nm	—	二氧化硅表面层通过增强的红色发光，增强了光动力治疗效果，提高了纳米载体的生物相容性	[112]
上转换发光	表面修饰：$NaGdF_4$：Yb，Er@$NaGdF_4$	980 nm	520 nm、540 nm 和 654 nm	—	通过在纳米粒子上结合两种特定连接物，可以获得更高的细胞摄取量，从而进行特定的癌症分类检测	[113]

续表二

类型	稀土纳米结构及增强策略	激发	发射	增强效果(如无特别指出，均针对发光强度而言)	策略创新点	参考文献
上转换发光	共掺杂：在 Cs_2NaYF_6：Yb，Tm 中掺杂 Gd，Tm，Tb	980 nm	350 nm、470 nm 和 800 nm	UV 与 NIR 发射强度比为 1.2	由此产生的上转换发光波长范围很宽，在超过 300～850 nm 的波长范围具有发光	[114]
上转换发光	共掺杂：在 $NaYF_4$：Yb，Tm 中增加 Tm 浓度	980 nm	470 nm、800 nm 和 850 nm	70 倍	随着 Tm 浓度(0.5%～8%)的增加，发射强度增强	[115]
上转换发光/下转换发光	共掺杂：在 $NaYF_4$@$NaREF_4$ 中掺杂 Er	800 nm 或 980 nm	550 nm、650 nm 和 1000～1700 nm	—	浓度淬灭明显降低，使上转换发光和下转换发光增强	[116]
上转换发光/下转换发光	共掺杂：在 $NaYF_4$@$NaLuF_4$ 中掺杂 Tm 和 Er	800 nm 或 980 nm	550 nm、650 nm 和 1000～1700 nm	124 倍	在 $NaErF_4$ 核中掺杂 1%的 Tm 离子作为能量捕获中心，可以增加 Tm 和 Er 离子之间的能量转移	[117]
上转换发光	共掺杂：在 $LiIn_2SbO_6$ 中掺杂 Cr	460 nm	965 nm	更宽发射	由于晶体结构改变，因此在 965 nm 具有更宽的发射波段	[118]
下转换发光	共掺杂：在 $NaYF_4$：Gd，Yb，Er，Nd@$NaYF_4$：Nd 中掺杂 Ce	808 nm	超过 1500 nm	11 倍	由 808 nm 激发产生的下转换发光用于成像引导下的肿瘤切除手术和血管可视化	[119]
上转换发光	染料敏化：用 IR808 敏化 $NaYbF_4$：Tm@$NaYF_4$：Nd	808 nm	350 nm、450～480 nm、510 nm 和 660 nm	PLQY 高达 19%	利用 IR808 染料到稀土敏化剂 Nd 到稀土敏化剂 Yb 到稀土敏化剂 Tm 的级联能量效应，强烈增强了染料功能化的核壳纳米粒子的发射强度	[120]

续表三

类型	稀土纳米结构及增强策略	激发	发射	增强效果(如无特别指出，均针对发光强度而言)	策略创新点	参考文献
下转换发光	染料敏化：用IR806敏化 $NaYF_4$：Yb，Er	800 nm	850 nm	3300倍	IR806染料的天线效应被用于增强吸收截面，进而提高下转换发光	[121]
上转换发光	染料敏化：用IR820敏化 $NaLuF_4$：Gd，Yb，Er@Yb，Pr	820 nm或980 nm	550 nm和650 nm	800倍	染料敏化的UCNP在820 nm激发产生的发射强度比纯UCNP在980 nm激发的高800倍	[122]
上转换发光	染料敏化：用Cy7敏化 $NaYF_4$：Yb，Er，Nd	808 nm、785 nm和760 nm	550 nm和650 nm	17倍	用染料增强近红外激发产生的上转换发光，应用于淋巴成像	[123]
下转换发光	染料敏化：用聚集诱导发光(AIE)染料敏化	405 nm	980 nm	2260倍	用AIE染料使得蓝光激发下、在980～1000nm处的下转换发光增强了2260倍	[79]
下转换发光	三层核壳结构：$NaYF_4$：Yb，X@$NaYbF_4$@$NaYF_4$：Nd（X＝无、Er、Ho、Tm或Pr）	800 nm	NIR Ⅱ	约4倍(22 mm厚度测试条件下)	增强了NIR Ⅱ的发光强度，扩大了可激发的光谱范围	[124]
上转换发光	染料敏化：用TTA染料敏化 $NaYF_4$@$NaLnF_4$（Ln＝Gd、Tb或Eu）	980 nm	480 nm和540 nm	3.2倍	分子染料(CPPOA、四烯和红烯)的三线态激子态能量转移到稀土中，而稀土可以获得更高的激发态能量	[125]

续表四

类型	稀土纳米结构及增强策略	激发	发射	增强效果(如无特别指出，均针对发光强度而言)	策略创新点	参考文献
下转换发光	材料信息学技术：RE_2O_3：Eu	254 nm 和 365 nm	615 nm	1.4 倍	通过使用经典的遗传算法来指导掺杂剂的浓度，最终优化后的发光粉在红色光发射处发光强度比传统的最亮的 Eu 掺杂剂增强了 1.4 倍	[126]
下转换发光	材料信息学技术：REOF：Ce，Tb	254 nm 或 365 nm	576 nm	1.91～2.5 倍	采用四种启发式算法(HA)，即模拟退火(SA)、和声模拟退火(HSA)、粒子群优化(PSO)和遗传算法(GA)对发光强度进行优化，并比较了在绿色光发射处优化的 Ce、Tb 共掺杂剂的效果	[127]
上转换发光	材料信息学技术：REOF：Yb，Er，X (X=Li、Mn、K)	980 nm	650 nm	量子效率增强 6.40 倍	采用遗传算法来指导优化后的元素浓度。通过支持向量机(SVM)分类方法，验证了掺杂元素的影响力和稳定性	[128]

2.1　金属发光调制

2.1.1　金属增强发光机理

表面等离子共振(SPR)现象一般发生在平面金属材料的一侧，当入射光沿着一定角度碰撞到金属材料表面时会产生一种消逝波，这种消逝波与材料内部产生的等离子波相遇就会产生共振。使用光栅、棱镜和光纤等辅助工具，比如全内反射的 Kretschmann 棱镜可以激发产生等离子共振。光波与金属纳米粒子相互作用产生的则是另一种特殊的等离子共振。当光波作用在金属纳米粒子表面时，金属纳米粒子表面的自由电子产生集体振荡，当此振荡的频率与入射光频率一致时，会产生共振现象，此时在金属纳米粒子表面的电磁场会被增强[129, 130]，这种现象即局域表面等离子共振(LSPR)[131]，如图 2-1 所示。

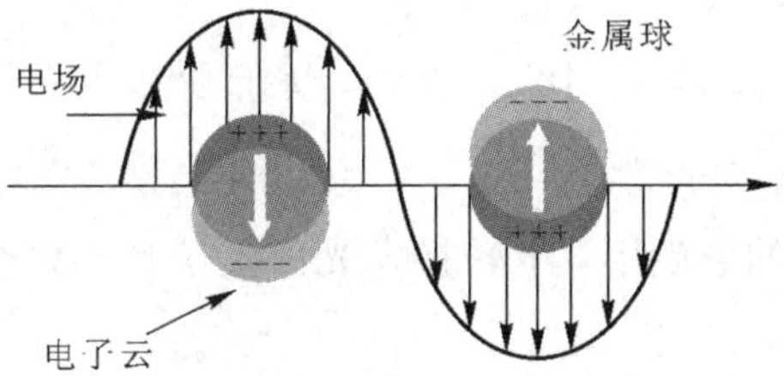

图 2-1　金属纳米粒子表面的局域表面等离子共振

合理利用 SPR 可以有效增强荧光分子的发光强度[132-135]。而金属增强发光的机理主要来自三个方面：局域电场增强(LFE)对激发光的吸收、Purcell(柏塞尔)效应提升辐射速率[136]、近距离的荧光共振能量转移(FRET)[130, 137]，如图 2-2 所示。

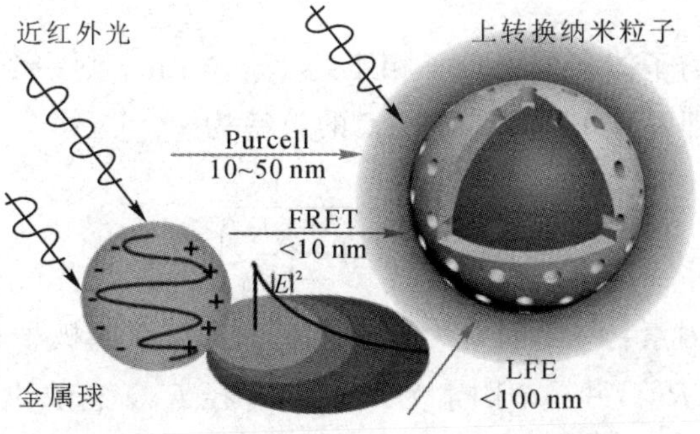

图 2-2　金属增强发光机理

首先，在辐射光影响下，贵金属纳米粒子产生的 LSPR 能够带来局域电场增强(LFE)的效果，该电场可以促使荧光分子吸收更多的激发光，从而使其激发强度和转换效率获得有效的提高。

其次，对于 Purcell 效应，在公式上体现为将其辐射速率从 Γ 提升到 $\Gamma+\Gamma_m$。在无金属粒子参与的情况下，自由态荧光分子的量子产率 Q_0 和荧光寿命 τ_0 的计算公式为

$$\begin{cases} Q_0=\dfrac{\Gamma}{\Gamma+k_{\mathrm{nr}}} \\ \tau_0=\dfrac{1}{\Gamma+k_{\mathrm{nr}}} \end{cases} \tag{2-1}$$

而当有金属的 LSPR 作用影响时，多出的 Γ_m 会使荧光分子的量子产率和荧光寿命从 Q_0、τ_0 变为 Q_m、τ_m，此时 Q_m、τ_m 的计算公式为

$$\begin{cases} Q_m=\dfrac{\Gamma+\Gamma_m}{\Gamma+\Gamma_m+k_{\mathrm{nr}}} \\ \tau_m=\dfrac{1}{\Gamma+\Gamma_m+k_{\mathrm{nr}}} \end{cases} \tag{2-2}$$

式中，k_{nr}是非辐射跃迁的速率常数。

因而，在 Purcell 效应的影响下，上转换发光的量子产率将会增大，即上转换发光得到增强。

在理论上，Purcell 效应具体是指：如果将辐射偶极子置于共振腔中，则与自由空间相比，发射强度将在共振时放大。腔体内的局域态密度(LDOS)$\rho_{\mathrm{LDOS}}\sim|E_{\mathrm{loc}}(\omega)|^2$，其中$|E_{\mathrm{loc}}(\omega)|^2$是共振腔中入射光产生的局域电场。在空气中，LDOS 几乎恒定，偶极子会正常辐射所有光子能量。而在共振腔体中，LDOS 在共振波长处将达到峰值，同时偶极子能够以比在空气中更高的速率发射。并且，空腔可以重新辐射转移的能量，从而导致偶极子发射强度的整体增强。

再次，如果金属等离子体和荧光分子相距约 1～10 nm，则一个偶极子的非辐射能量可以激发另一个偶极子，即发生 FRET。FRET 的效率为

$$\mathrm{Eff}_{\mathrm{FRET}}=\frac{1}{1+\left(\dfrac{R}{R_0}\right)^6} \tag{2-3}$$

$\mathrm{Eff}_{\mathrm{FRET}}$取决于两个因素：一个因素为分离距离 R，每个偶极子具有 $1/R^3$ 近场，导致 R 对 $\mathrm{Eff}_{\mathrm{FRET}}$的衰减率为 $1/R^6$；另一个因素为 FRET 半径 R_0，它取决于供体激发态发射与受体基态吸收之间的光谱重叠。在等离子体/荧光团的 FRET 中，R_0的值通常在 3～8 nm 的范围内[130]。由于增强的局域场和 LSPR 固有的较大吸收截面，FRET 过程非常有效，在等

离子体存在下通常有 $R<R_0$。在从等离子体到荧光团或从荧光团到等离子体的过程中都可以发生 FRET，但二者对荧光的影响不同。

总的来说，等离子体共振峰和荧光发射峰之间的光谱重叠，决定了是否存在 FRET 或 Purcell 效应，以及是否导致荧光团发射的增强或淬灭[138，139]。因而，可以通过材料合成设计控制共振峰的理论基础如下：

(1) 对于增强的局域电场，当金属共振峰与稀土激发峰重合时，会实现对激发光吸收的最优增强。

(2) 如果金属共振峰与稀土荧光分子的发射峰重叠，则远距离(10～50 nm)的 Purcell 效应和近距离(10 nm)的 FRET 对荧光的增强效果不同(与荧光团的尺寸、距离有关)。

(3) 对于以吸收为主的较小纳米粒子(粒径<15 nm)，FRET 的方向不同，在一定程度上会减弱或增强荧光；对于以散射为主的较大纳米粒子，FRET 和 Purcell 效应都会增强稀土发光。由于超出 FRET 的距离处等离子体场相对于自由空间的 LDOS 增强，因此将诱发强烈的 Purcell 效应增强，与自由空间相比，这将导致荧光团的辐射率增加，而使荧光发射增强。

2.1.2　金属纳米粒子电磁特性计算

从以上理论部分可以看出，金属纳米粒子的结构、形貌、尺寸不同，或复合材料的整体结构不同，都会导致产生的 LSPR 峰不同[140-142]。因此，调整金属纳米粒子的尺寸、形貌或排布，在一定程度上可以改变 LSPR 峰的位置和强度[143，144]。从细节上讲，通过控制这些变量并对其结果进行研究，可以探寻出改变金属纳米粒子 LSPR 峰的一些规律，进而可以根据这些规律有效地将波长调变到对发光效果有意义的位置。而如果有理论方法能对稀土-发光纳米粒子的电磁特性进行预测，将会对我们通过 LSPR 来调制发光非常有帮助。

1908 年，德国科学家 Gustav Mie 对麦克斯韦方程组增加了边界条件，提出了 Mie 散射理论[145]，这便是金属纳米粒子电磁特性计算的开端。运用 Mie 散射理论只能计算均匀的球形纳米粒子的电磁特性，而不能求解其他形状或是各向异性的纳米粒子的电磁特性。

在接下来的百年中，随着计算机技术的发展，逐渐出现了多种关于纳米粒子散射问题的数值计算方法，包括 T 矩阵法、时域有限差分法、有限元法、离散偶极子近似法等。

T 矩阵(T-matrix)法最早是在 1965 年由 Waterman 处理电磁场散射问题时提出来的[146]。T 矩阵法适用于非球形的纳米粒子的电磁特性求解，但求解过程容易振荡而不易收敛。

K. S. Yee 在 1966 年提出了 Mie 散射方程的差分离散形式，并形成了时域有限差分(FDTD)法[147]。FDTD 法的优点是能够实时模拟场的分布，且精确度较高。

有限元法(FEM)是 Courant[148]在 1943 年首先提出的，目前此方法应用广泛且有成效。然而，FEM 在对光的散射问题求解时比较困难。另外，由于 FEM 是区域性的方法，因此在实际计算中将会受到计算机存储空间和运算速度的限制。

离散偶极子近似(DDA)法的理论基础是使用大量的离散偶极子阵列来近似模拟连续物体，通过求解在入射波环境下的偶极子极化度来解得物体的散射、吸收截面[149]。1964 年，Howard DeVoe 在发表的论文中提出了 DDA 理论的基本框架。1973 年，Purcell 和 Pennypacker 进一步确立了 DDA 法的基本原理，并通过电磁波公式表达了偶极子电场的影响。1988 年，Draine 提出了更适合电磁波条件的 Clausius-Mossotti 加辐射反应标准的求解。同一时期，Draine 使用计算机语言编写了 DDA 计算机程序，并命名为 DDSCAT[150]，之后 DDA 法继续不断发展。1991 年，Goodman 将快速傅里叶变换方法带到 DDA 计算中而提高了运算效率[151]。1993 年，Draine 与 Goodman 开始使用晶格色散关系更为准确地表达偶极子的极化度[152]。2008 年，Draine 与 Flatau 实现了用 DDA 法对二维周期性材料和一维无限长物体散射的计算[153]。经过快速的发展和不断的迭代更新，DDA 算法已成为研究纳米粒子光学散射和电磁场问题的一种广为人知的常用有效手段。

2.1.3 DDA 模拟算法

DDA 算法可以计算任意形状纳米粒子在电磁场下的散射、吸收截面，其模型是由 N 个偶极子在 x、y、z 三个正交方向上排布而成的(见图 2-3)，偶极子阵列的排布方式也遵循一定规则。

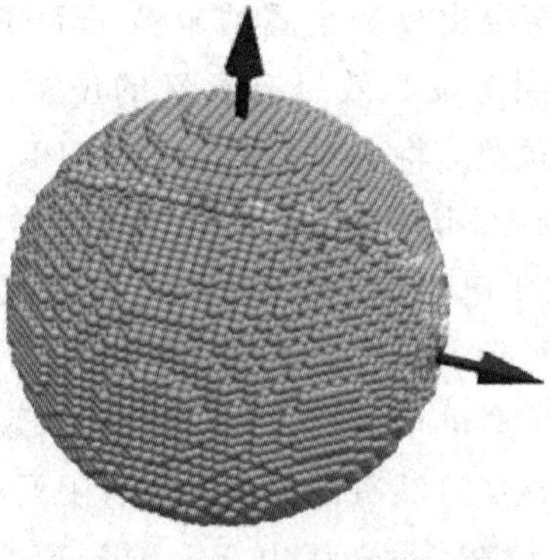

图 2-3　由 N=31 103 个偶极子阵列构成的球体模型

DDA 要求偶极子之间的距离 d 要足够小，既要小于目标物体的任何结构部位的长度，又要小于入射光 λ 的波长。理论研究表明，要满足 d 小于 λ，必须满足 $|m|kd<1$ 这个限制条件。其中，m 表示目标物体的复介电函数，$k=2\pi/\lambda$。

在 DDA 计算中，将模型的体积表示为 V，则可以得出一个有效半径 $a_{\text{eff}}=(3V/4\pi)^{1/3}$，它表示与模型同体积的球体半径。而 V 和 d 之间的关系为 $V=Nd^3$，其中 N 为偶极子数。因此，不等式 $|m|kd<1$ 可以等效为

$$N>\frac{4\pi}{3}|m|^3(ka_{\text{eff}})^3 \tag{2-4}$$

所以，如果实际物体的 m 值较大，或者 ka_{eff} 过大，则需要足够多的偶极子才能准确地代表目标物体。

DDA 算法的步骤如下：

(1) 以三维等距排列的偶极子构成要模拟的实际物体；

(2) 以实际物体的介电性质确定模型中对应部分的偶极子极化率；

(3) 求解入射电磁场下所有偶极子的偶极矩；

(4) 根据上一步得到的偶极矩求解模型的最终消光截面和吸收截面。

以下为求解偶极矩的过程：在入射光的影响下，每个位于 r_i 处的偶极子都会产生一个偶极矩 P_i，而 $P_i=\alpha_i E_i$。其中，α_i 和 E_i 分别表示 r_i 处偶极子的极化率和总电场。总电场由入射光的电场和 r_i 处之外的偶极子的电场两部分构成，可分别表示为

$$E_{\text{inc}}=E_0\exp(\mathrm{i}k\cdot r_i-\mathrm{i}\omega t) \tag{2-5}$$

和

$$-\sum_{i\neq j}A_{ij}P_i \tag{2-6}$$

则总电场 E_i 可表示为

$$E_i=E_{\text{inc}}-\sum_{i\neq j}A_{ij}P_i \tag{2-7}$$

其中 A_{ij} 是 $3N\times 3N$ 矩阵的元素，表示偶极子间的相互关系。在 $i=j$ 处，若定义 $A_{ij}=\alpha_i^{-1}$，则式(2-7)可以简化为

$$\sum_{i=1}^{N}A_{ij}P_i\equiv E_{\text{inc}} \tag{2-8}$$

此时，已将求解散射问题转化为求解 $3N$ 维线性方程组中偶极矩 P_i 的问题，求解方程组之后可得到 P_i。

利用以下公式可求出模型的消光截面和吸收截面：

$$\begin{cases} C_{\text{ext}}=\dfrac{4\pi k}{|E_0|^2}\displaystyle\sum_{i=1}^{N}\mathrm{Im}(E_{\text{inc}}^{*}\cdot P_i) \\ C_{\text{abs}}=\dfrac{4\pi k}{|E_0|^2}\displaystyle\sum_{i=1}^{N}\left\{\mathrm{Im}\left[P_i\cdot(\alpha_i^{-1})^{*}\cdot P_i^{*}\right]-\dfrac{2}{3}k^3\,|P_i|^2\right\} \end{cases} \tag{2-9}$$

最后，通过以下公式可以求得模型在入射电磁场下的消光效率和吸收效率：

$$\begin{cases} Q_{ext}=\dfrac{C_{ext}}{\pi a_{eff}^{2}} \\ Q_{abs}=\dfrac{C_{abs}}{\pi a_{eff}^{2}} \end{cases} \tag{2-10}$$

散射效率 Q_{sca}的计算公式为

$$Q_{sca}=Q_{ext}-Q_{abs} \tag{2-11}$$

DDSCAT 是最早被开发的 DDA 软件程序，由 Draine 和 Flatau 使用 Fortran 语言编写[153-155]。我们的研究体系使用的是 Windows 版本的 DDSCAT，其使用步骤分为五步：设计模型、设置相关参数、运行程序、分析消光系数、可视化电场图。

（1）设计模型。由于 DDSCAT 内置的模型形状过于简单，因此用户需要借助类似 MATLAB 软件自行编程来设计模型。编程的目的是产生一个包含模型所有偶极子点三维坐标的文件，并将其命名为 shape.dat，然后代入 DDSCAT 程序中运行。

（2）设置相关参数。相关参数主要包括模型构成部件的介电常数、入射波长的范围、有效半径、是否需要近场计算。这些都需要在 ddscat.par 文件中配置。

（3）运行程序。启动程序包中的 ddscat.exe 即可开始运行程序。

（4）分析消光系数。程序正常运行结束后，会得到一个记录了不同波长下模型消光系数的 qtable 文件，可以使用该文件中的数据进行分析和绘图。

（5）可视化电场图。若在参数配置中选择了计算近场，则可运行 ddpostprocess 将后缀为 E1 的近场文件转换为后缀为 vtr 的文件，后者可以通过 Vislt 等软件进行可视化，以分析模型的电场分布。

2.1.4 金属掺杂的典型案例

碱或碱土金属掺杂物，如 Na、K、Li、Zn、Mn 可以增强 RENP 的发光。这一过程是通过稀土激活剂和碱金属或碱土金属之间的能量回流来实现的。图 2-4 显示了 Mn 掺杂的不同 RENP 溶液的上转换发光光谱和能量转移机制，其中 $KMnF_3$：Yb，Er 纳米粒子发出一个单一的红色带，而不是 Er 的绿色带和红色带的组合。这种效果是由 Er 向碱性 Mn 的非辐射能量转移以及 Mn 向 Er 的能量回移产生的[99]。Er 和 Ho 的绿色波段或 Tm 的蓝色发射波段的消失是由于激活剂离子与 Mn 在 $KMnF_3$的主晶格中的距离较近，造成激活剂离子 Ho 或 Tm 的能量向 Mn 转移，这种交叉弛豫降低了绿/蓝光发射。

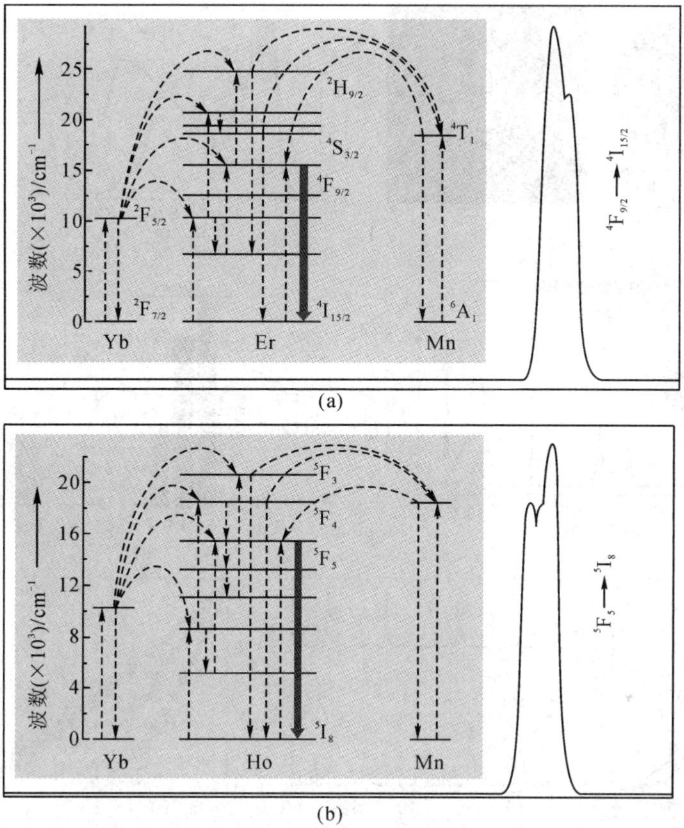

图 2-4　Mn 掺杂的不同 RENP 溶液的上转换发光光谱和能量转移机制[99]

(a) $KMnF_3$：Yb，Er；(b) $KMnF_3$：Yb，Ho

Zhong 等人合成了 Zn 掺杂的 α-ErNP，增强了 1550 nm 的下转换发光强度并延长了其寿命[100]。Zn 掺杂的存在使 α-ErNP 的 F 或 Na 空位扭曲，改变了晶格的局部对称性，从而增加了 f-f 跃迁。图 2-5 是 Zn 掺杂的 α-ErNP 的 NIR Ⅱ发光的相关表征。其中，图 2-5(a)展示了这种材料的示意图和相应的 TEM 图像，其平均尺寸约为 14 nm；图 2-5(b)描述了立方相 α-ErNP 和 β-ErNP 的拉曼光谱；图 2-5(c)显示了 α-ErNP 和 β-ErNP 的上转换发光和下转换发光光谱；图 2-5(d)描述了 Zn 掺杂的 α-ErNP 在 980 nm 激发下的能量转移过程；图 2-5(e)显示了不同浓度 Zn 掺杂的 α-ErNP 的下转换发光光谱；图 2-5(f)和图 2-5(g)分别展示了有、无 Zn 掺杂的 α-ErNP 和无 Zn 掺杂的 β-ErNP 的 X 射线衍射图及其在 1550 nm 处的寿命衰减曲线。由图 2-5 可知，Zn 掺杂使得 α-ErNP 强度增强了约 1.5 倍，比 β-ErNP 的强度增强了约 11 倍。优化的 Zn 浓度为 5%时，绝对量子产率提高了 1.22 倍。

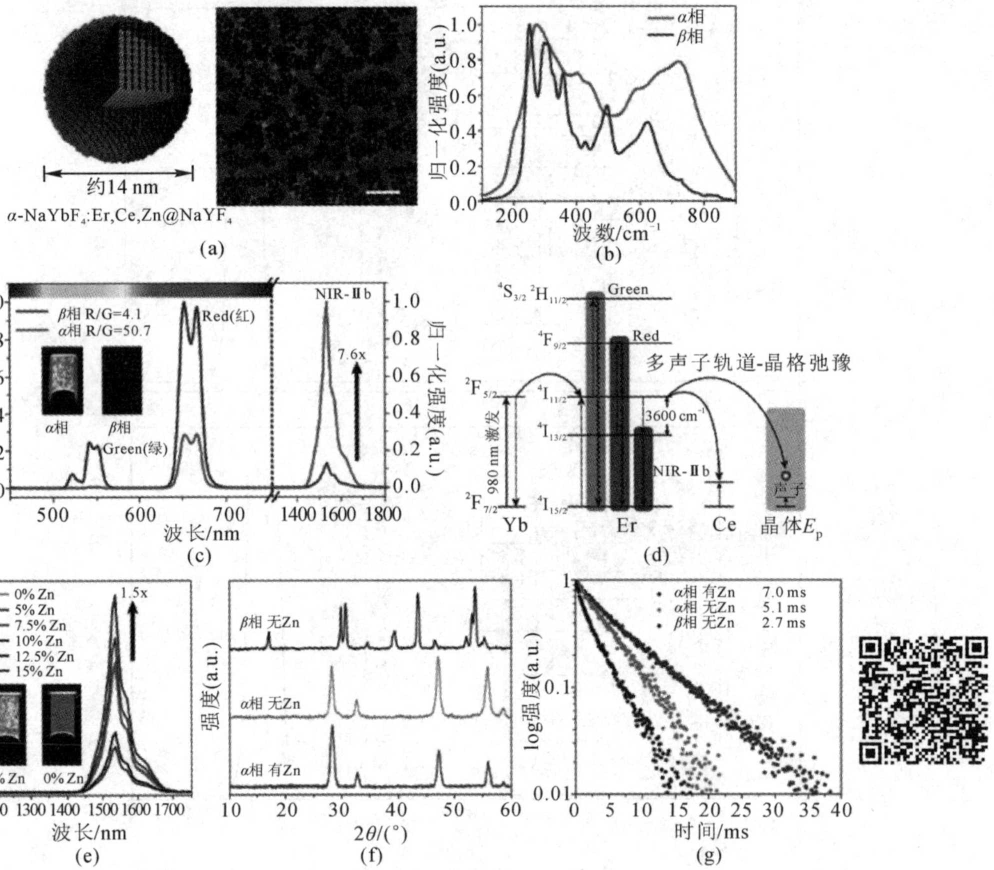

图 2－5　Zn 掺杂的 α-ErNP 的 NIR Ⅱ发光的相关表征[100]

(a) Zn 掺杂的 α-ErNP 的示意图(左)和相应的 TEM 图像(右);

(b) 立方相 α-ErNP 和 β-ErNP 的拉曼光谱;

(c) α-ErNP 和 β-ErNP 的上转换发光和下转换发光光谱;

(d) Zn 掺杂的 α-ErNP 在 980 nm 激发下的能量转移过程;

(e) 不同浓度 Zn 掺杂的 α-ErNP 的下转换发光光谱;

(f) 有、无 Zn 掺杂的 α-ErNP 和无 Zn 掺杂的 β-ErNP 的 X 射线衍射图;

(g) 有、无 Zn 掺杂的 α-ErNP 和无 Zn 掺杂的 β-ErNP 在 1550 nm 处的寿命衰减曲线

众所周知，某些金属(如银和金)表现出表面等离子体共振，稀土与它们的相互作用如果发生在激发区域，则会带来吸收截面的提高。但是，银在水溶液中容易被氧化，这限制了它在增强发光方面的应用。有关金纳米粒子(如纳米球、纳米星和纳米棒)的表面等离子共振(SPR)的研究较多，RENP 可以与金耦合，从而增强发光强度。当 SPR 波段与激发波长

发生共振时，RE-Au 复合体的激发吸收增强，RE 发光的增强是可能的；RE 发射波段的 SPR 也可以通过 Purcell 效应进行增强[156]。Liu 预测，这两种增强机制可以同时使用金纳米棒的纵向、横向 SPR 波段来增强 RE 发光[157]。离散偶极子近似(DDA)和时域有限差分(FDTD)是预测 RE 发光的 SPR 增强的有效方法。这里，DDA 模拟可以用来计算包括散射和吸光度在内的区分强度。稀土离子与金或银等贵金属纳米结构之间的距离控制，是实现发光增强而不是淬灭的关键[156]。因此，研究人员在金和稀土离子之间采用了二氧化硅壳层等间隔物，以产生最佳的分离效果[158, 159]。图 2－6 显示了 RENP-Au 的 DDA 模拟及实验结果。其中，图 2－6(a)和图 2－6(b)分别表示不同二氧化硅厚度和不同 Au 分布的 RENP@SiO_2@Au 的模拟吸收光谱；图 2－6(c)是 RENP@SiO_2@Au 的 TEM 图像，展示了 RENP@SiO_2@Au 的基本形貌；图 2－6(d)和图 2－6(e)分别是不同二氧化硅厚度和不同 Au 分布的 RENP@SiO_2@Au 的模拟电场分布；图 2－6(f)是实验中 RENP@SiO_2@Au 在 980 nm激发下的上转换发光光谱。采用的硅壳使得 RENP($NaYF_4$：Yb，Er@$NaYF_4$，Yb，Nd)核和金属壳之间的距离不同，表明 DDA 模拟对 RE-Au 的设计具有很好的指导意义。

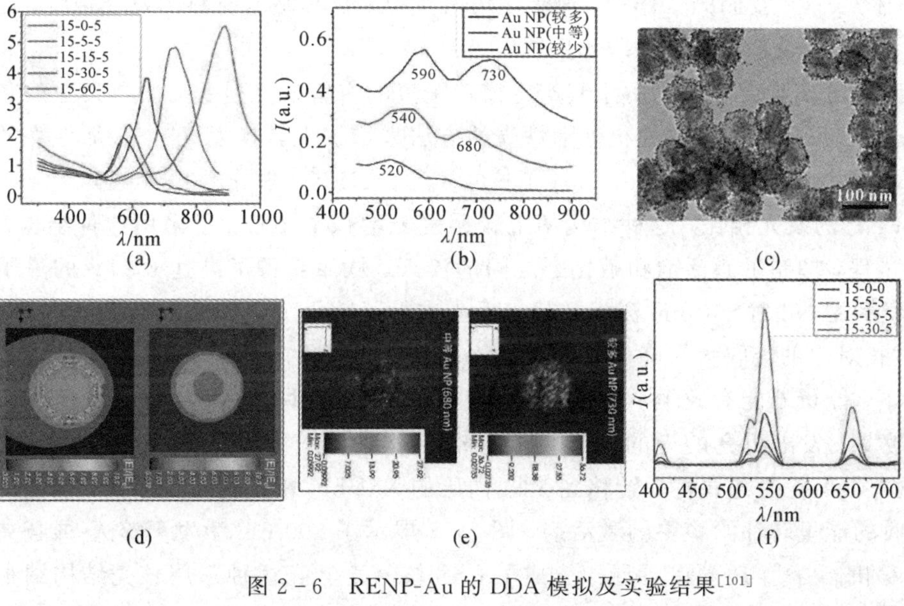

图 2－6　RENP-Au 的 DDA 模拟及实验结果[101]

(a) 不同二氧化硅厚度(0～60 nm)的 RENP@SiO_2@Au 的模拟吸收光谱；
(b) 不同 Au 分布的 RENP@SiO_2@Au 的模拟吸收光谱；(c) RENP@SiO_2@Au 的 TEM 图像；
(d) 不同二氧化硅厚度(0～60 nm)的 RENP@SiO_2@Au 的模拟电场分布；
(e) 不同 Au 分布的 RENP@SiO_2@Au 的模拟电场分布；
(f) RENP@SiO_2@Au 在 980 nm 激发下的上转换发光光谱

Mendez-Gonzalez 和其他人证明 RENP 稀土纳米晶和 AuNP 金纳米晶的大小也是实现发光强度最优增强的一个重要因素[159]。之后，更复杂的结构被用来实现更大的增强。例如，Das 和他的同事使用了一种先进的金属-绝缘体-金属结构来获得超过 1000 倍的上转换发光增强[160]。不同的金属纳米粒子如纳米球、纳米笼和纳米棒，以及更复杂的结构如 Au 核/RE 壳和 RENP 核/硅壳/Au 壳，在我们以前的工作中已被设计用于等离子体增强[161，162]。研究人员还采用了周期性阵列和尖端增强策略，以利用高局域电场[163]。Rettori 及其合作者利用金纳米柱的尖端电场热点特性来增强稀土 Er 的上转换发光[164]。

2.2 核壳多层结构

提高发光强度的一个有效方法是用惰性外壳对 RENP 进行包覆，以保护稀土离子不受表面淬灭剂的影响[165-168]。核@壳策略防止敏化的光子能量迁移到表面淬灭点[169-172]。Homann 等人使用这种核@壳策略设计了明显提高上转换发光量子产率的 $NaYF_4$：Yb，Er@$NaYF_4$ 纳米晶体[173]。在我们的工作中，经常使用惰性壳来提高纳米材料的发光强度，比如构建 $NaYF_4$：Yb，Tm@CaF_2[167，174-176]。

壳层结构可以分离稀土离子以防止其产生依赖距离的有害发光过程，如交叉弛豫和能量回传。Vetrone 提出了用一种活性核@活性壳的方法来增强上转换发光[104]。活性壳的作用是敏化和保护核中 Er 的发光。Zhou 合成了核@壳@壳 RENP 来分离 Er 和 Yb[105]。与典型的核@壳 RENP 的发光相比，这种结构的上转换发光增强了 100 倍。采用这种结构，减少了交叉弛豫过程，抑制了激活剂和敏化剂之间的淬灭，从而获得了高达 6.34％的量子产率。有学者已经利用 Nd 对 800 nm 激发的稀土发光进行了敏化。与 980 nm 激发波长相比，800 nm 这一波长对水的吸收大大降低，使得 800 nm 激发造成的不良产热明显减少。然而，在大多数情况下，能量不能有效地从敏化剂 Nd 直接转移到某些激活剂。Zhong 已经合成了在 800 nm 激发下发出明亮的光的 CSS 三层核壳结构纳米粒子[177]。外壳中掺杂 Nd 和 Yb，Nd 吸收了 800 nm 的光并将其转移到 Yb。内层的 $NaYbF_4$ 外壳进一步减少了能量的回传，同时将吸收的能量转移给核中的激活剂。图 2－7 展示了 800 nm 激发下淬灭-屏蔽夹层结构的能量转移机制[106]。Prasad 课题组合成了 CSS 核@壳@壳这种三层核壳结构纳米粒子，其中掺杂 Nd 的第一层外壳吸收了 800 nm 的激发，并将能量转移给核中的 Tm 和第二层外壳的 Er[178]。这种结构允许通过 800 nm 的激发产生多个发射波段。同时，该课题组制备了掺有 Er、Tm 和 Ho 的多壳纳米粒子，它们吸收宽范围的 NIR 波长用于上转换发射[179]。此外，该课题组还描述了一种外延的活性核@惰性壳@活性壳@惰性壳 RENP，以在空间限制和隔离的掺有 RE 的活性域内实现上转换和量子剪裁[180]。这种设计使得最终的核@壳@壳结构具有高度增强的上转换发光量子产率，并且从这种量子剪裁策略中获得的多光子下转换发光量子产率高达 130％。

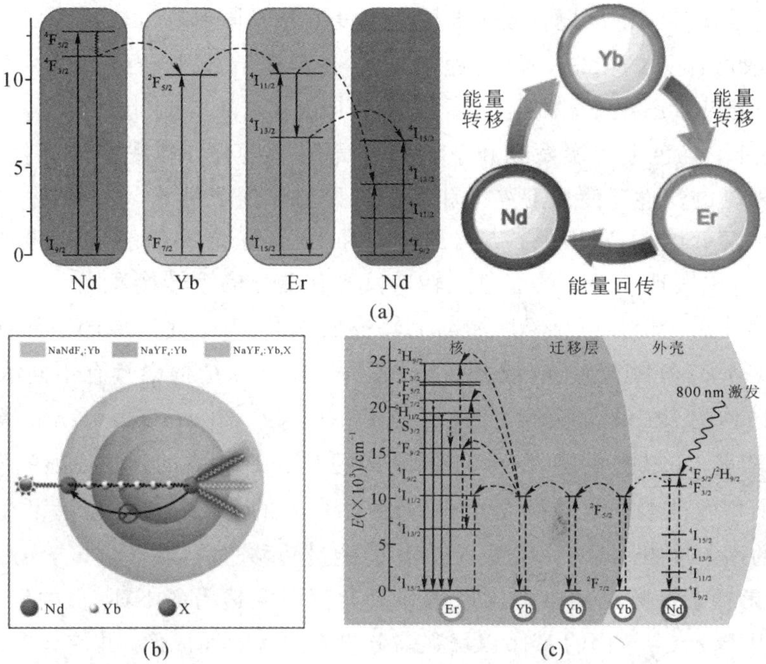

图 2－7　800 nm 激发下淬灭-屏蔽夹层结构的能量转移机制[106]

(a) 相关离子的简化能级图；(b) 在 800 nm 激发下提出的能量转移机制的示意图；

(c) $NaYF_4$：Yb，Tm@$NaYF_4$：Yb@$NaNdF_4$：Yb 相应的能量转移机制

2.3　元素掺杂

元素掺杂是调节激发和发射能量以及强度的一种有效策略。有多种掺杂元素(如 Eu，Dy 和 Ce，Tb)可用于紫外光激发下的可见光区域的下转换发光[76, 181-183]，980 nm 激发通常由 Yb 敏化以激活 Er、Ho 或 Tm。例如，$NaYF_4$ NP 通常与 Yb，Er 共掺杂，在 980 nm 的激发下有更强的绿色上转换发光和较弱的红色上转换发光。除了 980 nm，还有其他的近红外激发能量已经被探索过，如 740 nm、800 nm、1064 nm 和 1550 nm[143, 176, 184-186]。由于水在 980 nm 有吸收，因此研究人员添加了掺杂 Nd 及 Yb 的壳，以敏化 800 nm 处的激发，从而避免水吸收造成的能量损失[79, 185, 187]。730 nm 也被用来填充 Nd 的$^4F_{7/2}$ 能级[184, 188]。Zhao 等人[115]提出，更高的激发泵浦功率可以缓解浓度淬灭，使 $NaYF_4$ 中的 Tm 浓度增加

到 8%，此时 Tm 的发光强度提高了 70 倍。Zhou[114]提出了一种将 Gd 掺入 Cs_2NaYF_6的四光子/五光子上转换发光过程，由于 Gd 的作用，该纳米粒子在近红外激发下产生紫外线发射。不过，由于浓度淬灭的问题，敏化剂掺杂浓度通常被限制在 0.05%～20%。

为了克服浓度淬灭的限制，我们提出了能够实现双模上转换发光和下转换发光的 $NaYF_4$：x%Er@$NaYF_4$或 $NaYF_4$：x%Er@$NaLuF_4$（x 从 5 到 100 变化）。在 980 nm 和 800 nm 的激发下，红色上转换发光和下转换发光强度增强，其浓度淬灭效应可以忽略不计，这是由于外延的惰性壳使浓度淬灭和表面淬灭都降到了最低[116]。在另一项工作中，我们使用掺杂 1% Tm 的 $NaErF_4$核，以增加 Tm 和 Er 离子之间的能量转移过程。该体系在 808 nm 激发下可以实现 124 倍的红色上转换发光和更亮的下转换发光[117]。图 2－8 是 Tm 掺杂的 RE 复合物用于增强可见光区域的上转换发光及 NIR Ⅱ区域的下转换发光示意图。其中，图 2－8(a)～(c)为 980 nm 或 808 nm 激发，在壳层结构中具有不同浓度 Yb 掺杂的情况下，不同结构的 RENP 的光谱；图 2－8(d)～(f)为 980 nm 或 808 nm 激发，在壳层结构中具有不同浓度 Yb 掺杂的情况下，不同结构的 RENP 对应的红光发射的发光衰减曲线；图 2－8(g)为所涉及能级的上转换发光和 NIR Ⅱ发光的示意图，并显示了在 808 nm 激发下，Tm 掺杂的高浓度 Er 核@壳@壳 RENP 的能量转移过程。

不同的元素掺杂策略已经被提出以增强具有更强穿透力的 NIR Ⅲ的发光能力。Li[119]提出在 RENP 中掺入 Ce 敏化的 Nd，以增强高分辨率的 NIR Ⅲ成像，并使其在 800 nm 的激发下具有最小产热。Huang[189]通过阳离子交换和超声波辅助液相剥离在 WSe_2二维纳米片中掺杂 Er。二维纳米片的发光波长可以在生物透明窗口内调整。

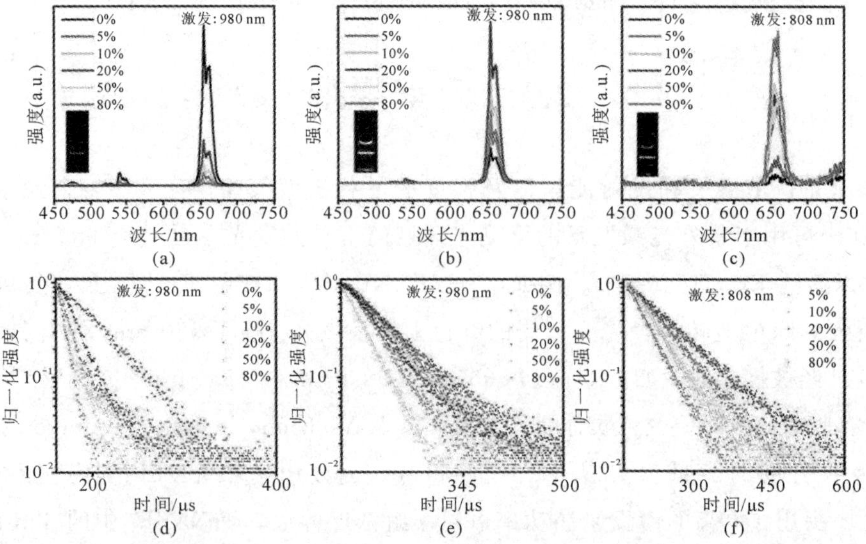

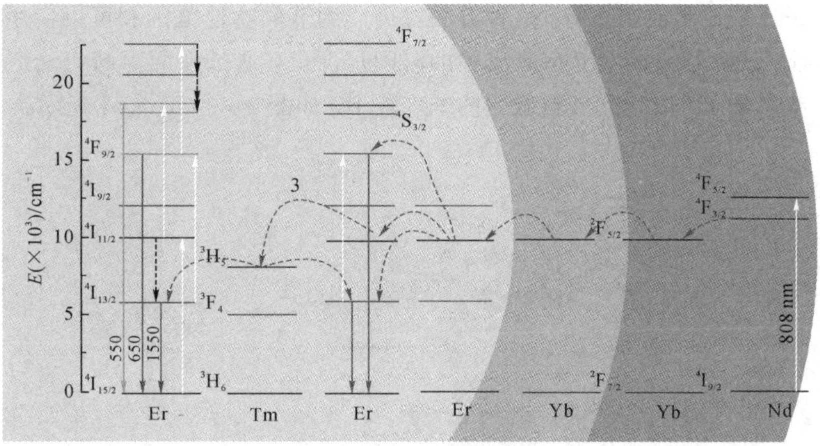

(g)

图 2-8　Tm 掺杂的 RE 复合物用于增强可见光区域的上转换发光及 NIR Ⅱ区域的下转换发光示意图[117]

(a) 980 nm 激发下核@壳结构 RENP 的光谱；(b) 980 nm 激发下核@壳@壳结构 RENP 的光谱；

(c) 808 nm 激发下核@壳@壳结构 RENP 的光谱；

(d) 980 nm 激发下核@壳结构 RENP 的红光发射的发光衰减曲线；

(e) 980 nm 激发下核@壳@壳结构 RENP 的红光发射的发光衰减曲线；

(f) 808 nm 激发下核@壳@壳结构 RENP 的红光发射的发光衰减曲线；

(g) 所涉及能级的上转换发光和 NIR Ⅱ 发光的示意图，以及 808 nm 激发下 Tm 掺杂的高浓度 Er 核@壳@壳 RENP 的能量转移过程

2.4　染料敏化

稀土 f-f 电子跃迁禁止导致 RENP 的发射强度较弱。染料敏化可以显著增强 RENP 的发射强度[190-192]。通常，当表面结合染料的电子被激发到单重态时，在能量转移到耦合的稀土纳米粒子之前，它可能经历系间窜越(ISC)以填充三重态。之后，发生界面能量转移(IET)，能量转移上转换(ETU)填充所需的 RE 激发态，然后进行返回转移(RT)导致发光。上述过程如图 2-9(a)所示。因此，四个关键过程的效率支配着染料敏化，它们之间的关系为：$\Phi_{染料\text{-}UCNP}=\Phi_{ISC}\times\Phi_{IET}\times\Phi_{ETU}\times\Phi_{RT}$，其中 $\Phi_{染料\text{-}UCNP}$、Φ_{ISC}、Φ_{IET}、Φ_{ETU}、Φ_{RT} 分别表示染料-UCNP 复合物、ISC、IET、ETU、RT 的效率[193]。可以通过提高这些效率来改善染料敏化。

Φ_{IET} 高度依赖于能量受体和供体之间的距离。一般来说，这个距离应该在 10nm 以内[74]。在染料敏化的情况下，这个距离应该小于几纳米[193-195]。在染料敏化中，有效的能量转移也需要染料发射和稀土纳米晶吸收之间一定程度的光谱重叠[194, 196-201]。但是，其他有害的过程，如能量回流也取决于这种光谱重叠。染料敏化也可以通过提高 Φ_{ISC} 来改善。三重态动力学通常

是通过分子染料设计来控制或调整的。这种方法对可以调节的特性范围和可以使用的分子结构都有限制。最近，Han 等人提出了在亚皮秒的时间尺度上，通过系间窜越将光产生的单线态激子转换为三线态激子，以达到染料敏化的统一效率，如图 2－9 (b)～(d)所示[202]。

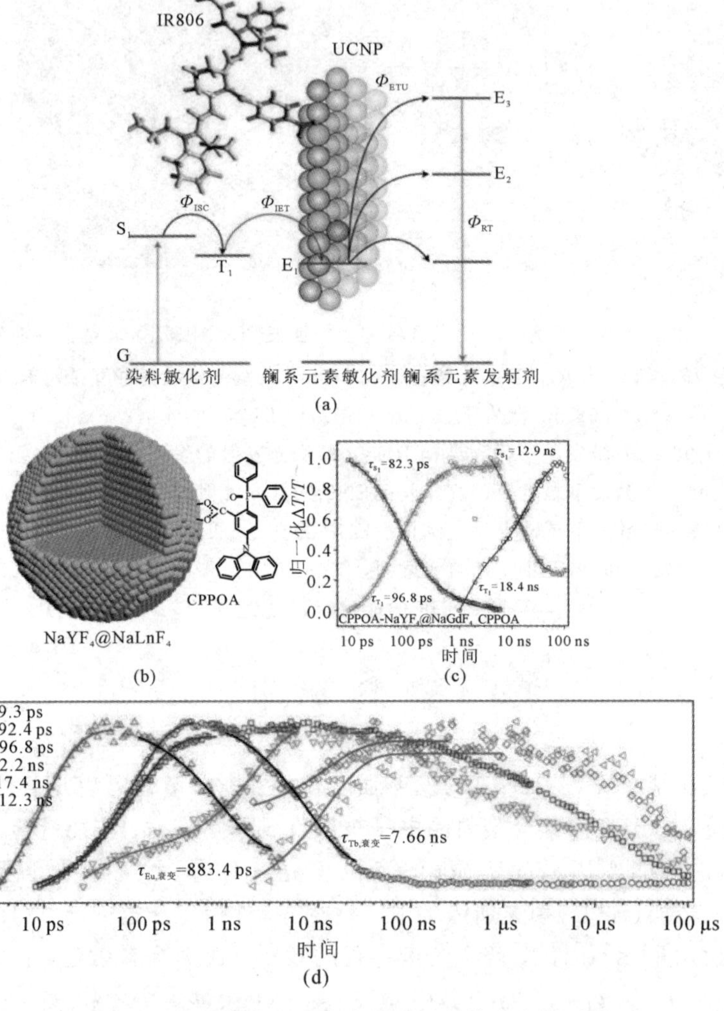

图 2－9　染料敏化用于发光增强的相关研究[194, 202]

(a) 染料-UCNP 复合物的能量转移图和界面处高效能量转移过程的关键因素；

(b) 染料-RE 复合物的示意图；(c) CPPOA 和 CPPOA-RE 的发光衰减；

(d) 连接到不同类型的核壳 RENP 的 CPPOA 分子中三重态生成和衰减的动力学

在许多染料敏化研究中，食品药物管理局(FDA)批准的吲哚菁绿(ICG)或 IR808 被耦合到掺有 Nd 的 RENP 中。ICG 在 800 nm 处有强烈的近红外吸收，并有与 Nd 吸收重叠的宽广发射。之前提到，Nd@Yb@Er 级联可用于 800 nm 激发下的染料敏化发光，于是我们提出了一个多级联能量转移的概念，用于高效的染料敏化，并在一个外延设计的多层核壳无机纳米结构中得到了证明。其中有机染料连接在最外层的壳上，产生非辐射能量依次转移到敏化剂和内核的激活剂离子上，如图 2-10(a)所示。染料敏化的核@壳纳米粒子的结构如图 2-10(b)所示。研究表明，这种纳米结构抑制了与表面有关的发光淬灭，产生了高达 19%的多光子上转换量子效率，比通常报道的镧系纳米结构在 800 nm 处的上转换效率高约 100 倍。图 2-10(c)展示了这种纳米粒子在 700～1060 nm 内的激发光谱(设定发射波长为 450 nm)，可以观察到 800 nm 处的激发强度值显著增大。这种纳米结构基本的物理学原理是多级联的能量转移，其中每级联都涉及一个小的能量间隙。这种结构使得能量供体的发射和能量受体的吸收之间具有最大的光谱重叠，实现了声子辅助能量转移的高效率，由此产生了前所未有的三光子上转换，从而产生蓝光。其非相干红外光激发的功率密度与地球上的太阳辐射的相当，甚至可以用肉眼看到。这是推进多光子上转换的一个真正的突破，因为这可以使多光子生物成像在一个简单的白光、LED 光或太阳光下进行[203]。

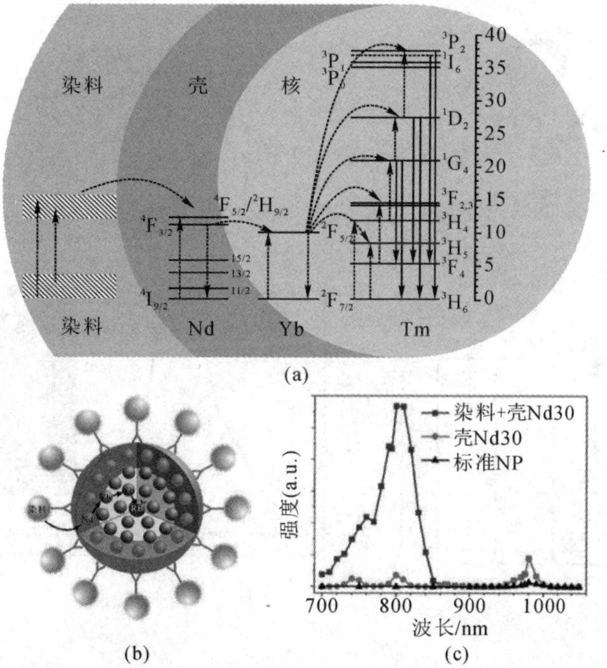

图 2-10　高效的染料敏化研究[203]

(a) 多级联能量转移用于染料敏化高效上转换；(b) 染料敏化的核@壳纳米粒子的结构；(c) 染料复合纳米粒子的激发光谱(设定发射波长为 450 nm)

研究发现，在 800 nm 的激发下，CSS 三层核壳结构使得 1490 nm 和 475 nm 的发光强度提高了 70 倍。图 2-11 展示了 ICG 用于 CSS 三层核壳结构的相关原理和结论。其中，图 2-11(a)为 ICG 分子图；图 2-11(b)展示了 CSS 三层核壳结构($NaYF_4$：1%Tm@$NaYbF_4$@$NaYF_4$：10%Yb，30%Nd)功能化的能级图；图 2-11(c)显示出在 800 nm 激发下，CSS 三层核壳结构和 CSS 三层核壳结构@ICG 的下转换发光光谱，图中显示了 CSS 三层核壳结构@ICG 在 475 nm 的上转换发光，在没有染料敏化的情况下(即采用简单的 CSS 三层核壳结构)不能出现此上转换发光现象。研究者使用核壳结构 UCNP 实现了体内近红外高对比度的 3D 深层组织成像，它能有效地将深层穿透入射的近红外光(波长为 980 nm)转换为另一近红外光(波长为 800 nm)。研究者使用小动物全身上转换荧光成像仪对尾静脉注射分散纳米粒子的小鼠进行成像，用来证明深层组织成像。Prasad 课题组还使用 ICG 来降低 20% Nd 掺杂的纳米粒子中浓度淬灭的影响，以增强上转换发光[204]。类似的方法用于 20%Er 掺杂的纳米粒子，以强烈增强 1550 nm 的发光[205]。在这项工作中，ICG 非辐射能量转移到 Er 以实现下转换发光[206]。在另一项研究中，我们使用 N719 敏化 785 nm 激发来增强 Er 发射强度[207]。

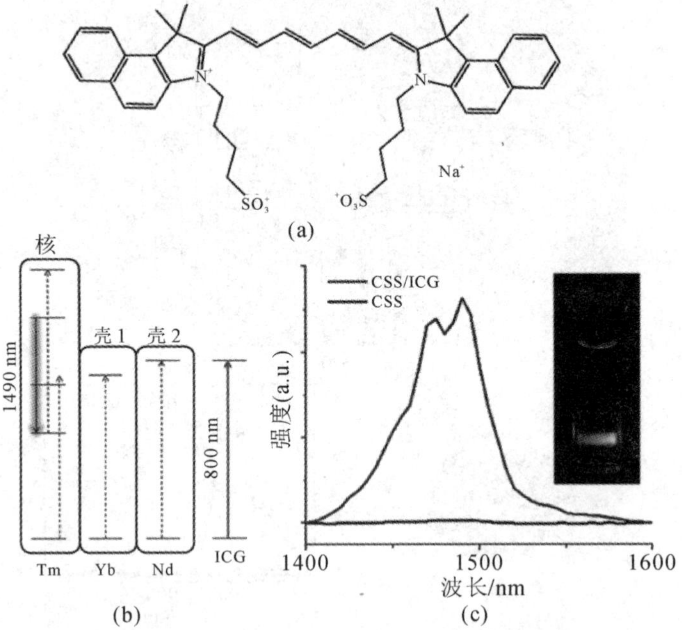

图 2-11　ICG 用于 CSS 三层核壳结构的相关原理和结论

(a) ICG 分子图；(b) CSS 三层核壳结构功能化的能级图；(c) CSS 三层核壳结构和 CSS 三层核壳结构@ICG 的下转换发射光谱(图中显示了 CSS 三层核壳结构@ICG 在475 nm的上转换发光)

Er 的染料敏化 1550 nm 下转换发光对于 NIR Ⅲ中的成像特别有吸引力。但是，染料敏化很容易在水溶液中淬灭。研究者通过强吸收剂收集能量后，将能量转移到稀土，在很大程度上缓解了浓度淬灭。结果表明，ICG 染料可使上转换发光强度提高约 10 倍[208]。此外，研究人员还提出了一种水分散性良好的 IR1061 染料来敏化核@壳 RENP，以便在水性介质中实现足够高的上转换发光量子效率[209]。研究表明，ICG 敏化的 $NaYF_4$：Yb，X@$NaYbF_4$@$NaYF_4$：Nd(X＝无、Er、Ho、Tm 或 Pr)稀土纳米粒子的 NIR Ⅱ发射允许通过 9 mm 厚的鸡胸肉组织进行高对比度成像。在厚组织的发射信号检测实验中，在 800 nm 激发下，不同的近红外发光可以穿透 22 mm 厚的组织[124]。Liang[210]使用 DSPE-PEG 来缓解从 RE 离子到染料的能量反向传递过程。上转换发光在水相中增强了 600 多倍，可用于具有高信号对比度的体内成像。此外，当双氰基芪衍生物的 AIE 发射染料用于功能化纳米粒子(共掺杂 Yb@Tb)时，量子剪裁和 AIE 效应将下转换发光强度提高了 2260 倍[79]。

2.5　多功能多级结构

稀土-金属有机框架 (RE-MOF)是一种新兴的通用分层纳米复合材料，关于这种材料的研究包括机理和原理、设计以及诊断治疗的生物应用[211]。Liu 提出了使用由四乙基溴化铵辅助的加热方法来调整一系列 RE-MOF 的形态和尺寸[212]。碳点可以封装 RE-MOF 并增强其发光强度。Bang 在骨架 MOF 上使用纳米级薄聚脲涂层展示了一种具有生物相容性的氧化镝气凝胶[213]。RE-MOF 可用作多功能载体，装载对乙酰氨基酚、吲哚美辛或胰岛素等不同药物，用于特定部位的药物递送。Zhang[214]展示了在 NIR 激光激发下具有上转换发光发射的 Er-MOF 纳米粒子。最终的 Er-MOF 在 980 nm 激发下产生绿色和红色可见上转换发光。Xia 设计了基于 Gd 的卟啉金属有机骨架(PPF-Gd@DOX)，它具有出色的载药特性和肿瘤组织穿透特性[215]，该工作所设计的平台可用于癌症成像和化疗。

Gd 中的不成对价电子可用作 MRI 造影剂。Veggel[216]提出阳离子交换可以通过将一种稀土氟化物复合物暴露于另一种稀土离子来快速发生。此外，该规则可以扩展用于合成难以直接获得的材料。研究人员提出了不同的稀土材料，例如 $RE(OH)_3$、$RE(OH)CO_3$ 和 $RE(OH)CO_3F$ 作为牺牲模板来交换阳离子并获得具有更高发光强度的发光粉[217]。Song[109]提出了分级纳米杂化稀土-Au-PGEA 用于多功能发光和治疗，该结构以稀土纳米棒为核心，包裹 Au 纳米壳，表面修饰 PGEA。Guan 等人[218]证明了表面配体封端的上转换发光纳米粒子的直接阳离子交换可以产生强发光。Min 等人[110]利用 LuF_3：Yb，Er 的菱形片状结构，Yb 离子的局部光热效应，以及 980 nm 激光的定向吸光度，获得 484 倍增强发光，为单粒子成像提供了一条新途径。

我们设计了用于成像引导治疗的 TiO_2-$Y_2Ti_2O_7$@YOF (TYY)纳米平台，该平台显示出清晰的多模态上转换发光成像和 CT 成像，以及体内光动力和光热成像。如图 2-12 所示的发生过程是：Yb，Tm 对在 NIR 激光下发射紫外@蓝色上转换发光，然后紫外@蓝色光发射激发 $Y_2Ti_2O_7$，后者通过与水环境反应生成 ROS[219]。Xu 等人提出了一种用于 NIR Ⅱ生物成像和 MRI 的 RE-RB 杂化物(RE：$NaYF_4$：Yb，Er@$NaGdF_4$：Nd)，以及 NIR 激光激发的光动力抗菌化疗方法[220]。在这里，由于存在从 RE 到 RB(罗丹明 B)的能量转移，所以可以使用 RB 作为产生 ROS 的催化剂。

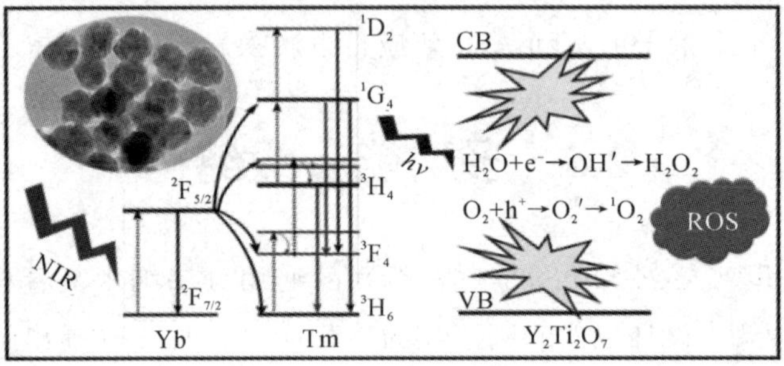

图 2-12　用于成像引导治疗的 TiO_2-$Y_2Ti_2O_7$@YOF(TYY)纳米平台的示意图[219]

此外，学者报告了一种基于光化学的分层纳米结构，可用于原位 NIR 控制的超声成像，以及能够实现超声介导的药物递送的上转换发光成像[221]。这种纳米结构以 UCNP ($NaYF_4$：Yb，Tm@CaF_2核@壳)为核心，以非离子表面活性剂（Tween 80）壳包含新合成的香豆素衍生物作为 CO_2气体的产生剂，并负载药物。外壳还包括全氟己烷，它捕获并聚结产生的 CO_2以形成微泡。核中的 UCNP 将深穿透 NIR(980 nm)转化为上转换红色(645 nm)用于光学成像，而 UCNP 中的上转换 UV/蓝光可激发光敏剂香豆素衍生物以释放二氧化碳气体，使得纳米粒子膨胀成微泡，从而增强 40 MHz 超声成像的对比度。当该结构暴露于低频(10 MHz)超声波时，相同的微泡在气泡化作用下坍塌以释放药物。因此，这种新的光回声可膨胀分层纳米结构能够实现双模式成像引导和超声激活化疗。

通常，只有在合成完成后才能监测纳米化学组装结构。有趣的是，一些发光探针可用来实时监控组装过程的进度。Zhou 等人[111]提出了一种可点击的 LnF_3(Ln＝Gd、Sm、Eu 或 Nd 等)组件，用于制造具有发光功能的单/二聚体和核@壳或核@壳@壳结构，以及双模态发光探针(EuF_3纳米晶体)，从而提供对微小结构变化和能量转移过程的精确跟踪。612 nm(由于电子偶极跃迁)和591 nm(由于磁偶极跃迁)的单独发射可用于表征稀土配合物中的Eu比率。

2.6　表面改性

通常，通过高温热解合成的发光RENP的表面覆盖有油酸(OA)，这使得NP具有疏水性。因此，在将它们用于生物应用之前，有必要对其表面进行改性以增强水分散性[222]。配体交换(目的是在表面引入亲水基团)是使这些RENP在水相中可分散并在体内形成稳定的胶体分散体的常用策略。此外，RENP的表面修饰可以提供连接位点以连接靶向单元，例如抗体。目前，主要的表面改性方法包括表面配体去除、配体交换、表面配体氧化、硅烷基团化、逐层自组装、阳离子辅助配体自组装、主客体相互作用和稀土发光纳米硅酸盐的二氧化硅层包覆等[223-228]。下面给出了其中几种常用方法的解释。

(1) 在配体交换中，纳米粒子表面的疏水性有机分子与各种亲水性配体，如聚丙烯酸(PAA)、聚乙二醇(PEG)、己二酸(AA)、6-氨基己酸进行交换。这些配体可以保持纳米粒子的形态和晶体形状并增强其水溶性。

(2) 表面配体氧化是将含有双键的有机表面配体的双键氧化成羧基的方法。

(3) 逐层自组装通过在RENP表面修饰聚烯丙胺、环糊精和聚苯乙烯磺酸钠等聚合物来增强其水溶性。

(4) 稀土发光纳米硅酸盐的二氧化硅层包覆是研究人员常用的一种方法，即通过共价键在颗粒表面包覆一层厚度可调的二氧化硅[101, 112, 229]。Shi课题组的Liu、Zhao等人对此方法进行了广泛的研究。在RENP的表面壳层上使用不同类型的二氧化硅，例如致密二氧化硅($DSiO_2$)、多孔二氧化硅、中空介孔二氧化硅[230-232]。介孔二氧化硅层的孔径约为2～5 nm，可以将光敏剂(ZnPc和Ce6)、发光增强分子(ICG、IR780和IR820)或肿瘤化疗药物(如阿霉素(DOX))固定在二氧化硅内，实现成像引导疾病治疗[233-236]。

经过适当的表面修饰后，可以使用靶向目标位点策略。尤其是在体内，可以通过利用增强渗透滞留效应(EPR)，使用肿瘤微环境的任何特定响应(高温、低pH值、缺氧等)以及使用改性聚合物PNIPAM来响应温度和pH值，从而实现内在启用“刺激-响应型”的主动靶向。主动靶向策略通常还涉及RENP与肿瘤特异性肽和抗体的结合[92, 237-240]。Zhao等人[241]展示了一种生物合成策略，通过将靶向肽和镧系离子结合肽(LBT)与红色荧光蛋白(RFP)融合，使用 Gd 制备具有磁性和发光功能的靶向探针。Zha[113] 使用功能肽连接 $NaGdF_4$：Yb，Er@$NaGdF_4$ 稀土探针靶向 EB 病毒核抗原 1(EBNA1)和 EB 病毒潜伏膜蛋白 1(LMP1)这两种过表达的 EBV 特异性癌蛋白。其中，pH 敏感的肿瘤微环境可分解这一双肽修饰的复合 UCNP，并且将其与正常组织区分，实现对 EBV 诱导的肿瘤的精确成像。双肽修饰 UCNP 的示意图及其对正常组织中 EBV 诱导的肿瘤的精确成像如图 2-13 所示。

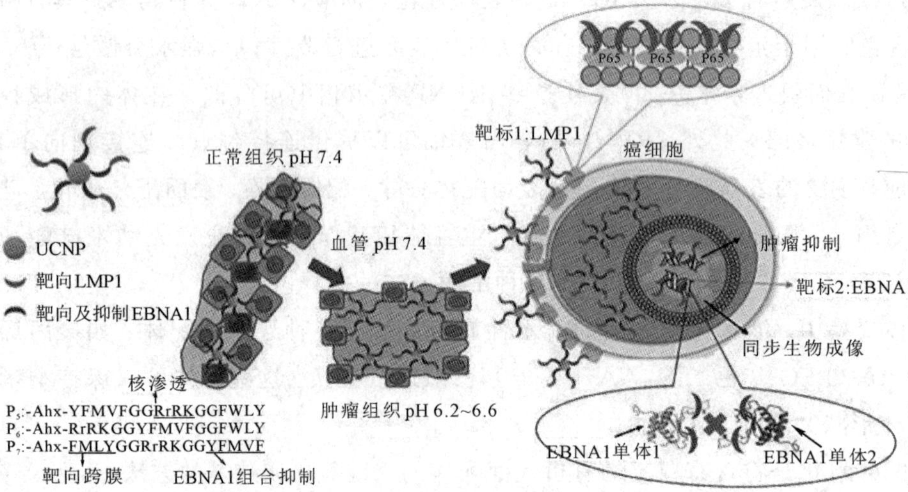

图 2-13　双肽修饰 UCNP 的示意图及其对正常组织中 EBV 诱导的肿瘤的精确成像[113]

第三章　材料信息学与稀土发光

3.1　纳米化学结合材料信息学

寻找具有最佳发光特性的 RENP 是一项具有挑战性且耗时的工作[42，242-247]。传统上使用的"试错法"和由直觉或经验指导的实验通常耗时长、花费大，并且对现有化合物的任何改进往往是渐进的[248，249]。

材料信息学是一个新兴且极具前景的领域，旨在打破上述限制，克服上述缺点，其核心思想是在材料领域融合和应用信息学(即计算和以数据为中心)技术。材料信息学研究通常涉及对材料候选库进行虚拟高通量筛选，以快速发现具有理想特性的化合物。这些筛选使用基于物理的建模和模拟或基于数据派生的替代模型，在材料空间的预选区域中对化合物进行计算机表征，后者通常使用组合化学的原理来列举。材料信息学还利用此类筛选研究其他可用数据源(例如现有数据库、高通量实验等)的结果以追求原始范围之外的新型化合物的设计。为此，材料信息学采用了信息科学技术，例如模拟算法、统计数据分析和学习、机器学习(包括深度学习和强化学习)、人工智能(AI)和其他数据挖掘技术[250-258]。这些技术可以产生对结构-性质关系的洞察力，从而产生让人感兴趣的设计规则，或者它们通过生成模型直接产生新化合物。例如，使用生成对抗神经网络或变分自动编码器/解码器技术设计新化合物。除此之外，这些信息科学技术还可用于后续筛选研究，生成新的数据衍生替代模型。材料信息学不仅可以预测和帮助优化具有特定目标特性的新材料的成分和结构，还可以预测其加工过程。

Sakurai[259]展示了基于数据集的自适应遗传算法（GA）的实用性，该数据集包含形成能、磁性和晶体学等热力学特性，可用于识别具有增强功能的新型磁性化合物。高通量电子结构计算已被用于辅助设计、促进机理理解和指导新磁性材料的合成[260]。Halder[261]在第一性原理量子化学数据上训练了一个机器学习代理模型，以预测磁性转变温度、饱和磁化强度和磁体晶体各向异性。Xinyu 等人[262]使用三种不同的统计学习策略，即高效全局优化（EGO）、响应面优化和随机搜索来优化 Al-Zn-Mg-Cu 合金设计。采用 EGO 方法研究了 Y、Ce 元素的抗应力腐蚀开裂性能。

类似的方法在发光 RENP 的开发和优化中可能非常有效。在先前的工作中，研究人员提出了一种结合直觉和经验的启发式算法，以提供可行的结果和可接受的成本[263-266]。Sohn Kee Sun 介绍了一种基于传统煅烧发光粉的启发式辅助组合化学策略[267]。

除了本书第 2.1.3 节中的 DDA 模拟算法，启发式算法(HA)也可以用来优化稀土元素的发光强度。这里的 HA 旨在通过牺牲最优性、准确性、精确性或完整性来换取速度，以比传统方法更快、更有效的方式解决适应度问题，这种算法适用于发光粉的优化。此外，我们还使用分类算法(支持向量机(SVW)、回归算法等)来预测和搜索优化的材料，进一步利用 HA 寻找具有纳米结构的最优稀土发光粉末(可见光区域的单掺杂和双掺杂下转换发光，可见光范围内的上转换发光，以及 NIR Ⅱ区域内的下转换发光)。图 3－1 给出了 HA 用于寻找最优稀土发光粉的相关研究。其中，图 3－1(a)给出了寻找最优发光粉的 HA 示意图，并展示了发光粉在肿瘤和脑血管中的生物成像(上转换发光和 NIR Ⅱ发光)特性；图 3－1(b)展示了 GA 用于搜索每一代最优发光粉的最高强度、光谱和优化结果；图 3－1(c)显示了 SVM 用于确定最优发光粉的强度与掺杂元素之间的相关性；图 3－1(d)展示了四种 HA (SA、HSA、PSO、GA)用于寻找 Ce 和 Tb 的有效性和最佳掺杂浓度；图 3－1(e)展示了得到的最优发光粉的一些应用方向，例如下转换发光、CT、X 射线发光、防伪等。通常，GA 用于优化单掺杂 Eu 的稀土发光粉。这里给出在日光和紫外线下使用 Eu 下转换发光发光粉在不同基材(铝箔、塑料纸和玻璃)上的指纹检测研究。首先，在实验前将不同的指纹载体基质(铝箔、塑料纸和玻璃)清洗干净，并用手指用力按压指纹载体；然后，将发光粉均匀地涂在指纹载体上，并扫除指纹载体上多余的发光粉；最后，用数码相机在日光和紫外线下拍摄指纹图像。如图 3－2(a)所示，铝箔在紫外光照射下呈现出明亮的红色发光。虽然铝箔本身对指纹的检测存在一定的影响，但依然存在肉眼能识别的清晰边缘。如图 3－2(b)和图 3－2(c)所示，在塑料纸和玻璃两个指纹基板中可以观察到更亮的红色发射光[126]。发光粉元素采用十进制编码，通过遗传算法计算并由 MATLAB 软件读取。稀土发光粉采用共沉淀法合成，实现了遗传算法(最经典的启发式算法之一)与发光粉合成(组合化学)工艺的结合。之后，我们将 GA、PSO、SA、HSA 等多种启发式算法应用于 Ce 和 Tb 共掺杂发光粉末的优化。在这里，GA 是一种基于遗传基因(这里基因指的是稀土离子和浓度)和自然选择原理的用于搜索的优化技术。PSO 是一种群智能方法，它考虑了在 D 维连续解空间中包含 p 个粒子的群，并探讨了不同发光粉优化算法的特点。GA 的优化速度几乎是最快的；PSO 算法的优化过程更加稳定，随着迭代次数的增加，优化效果变得更好。因此，PSO 算法适用于在更多迭代中优化高性能发光粉。SA 算法对 RE 优化没有明显影响，不适合发光粉的优化。我们通过和声算法对 SA 进行了改进，改进后的 HSA 算法的优化效果明显优于原始 SA 算法[127]。此外，我们还使用经典启发式 GA 对单发光粉中的上转换发光和 NIR Ⅱ

发光的发光强度进行了优化，最终结果表明 GA 同时可用于优化双模成像[268]。具体情况将在本书的 3.3 节中说明。

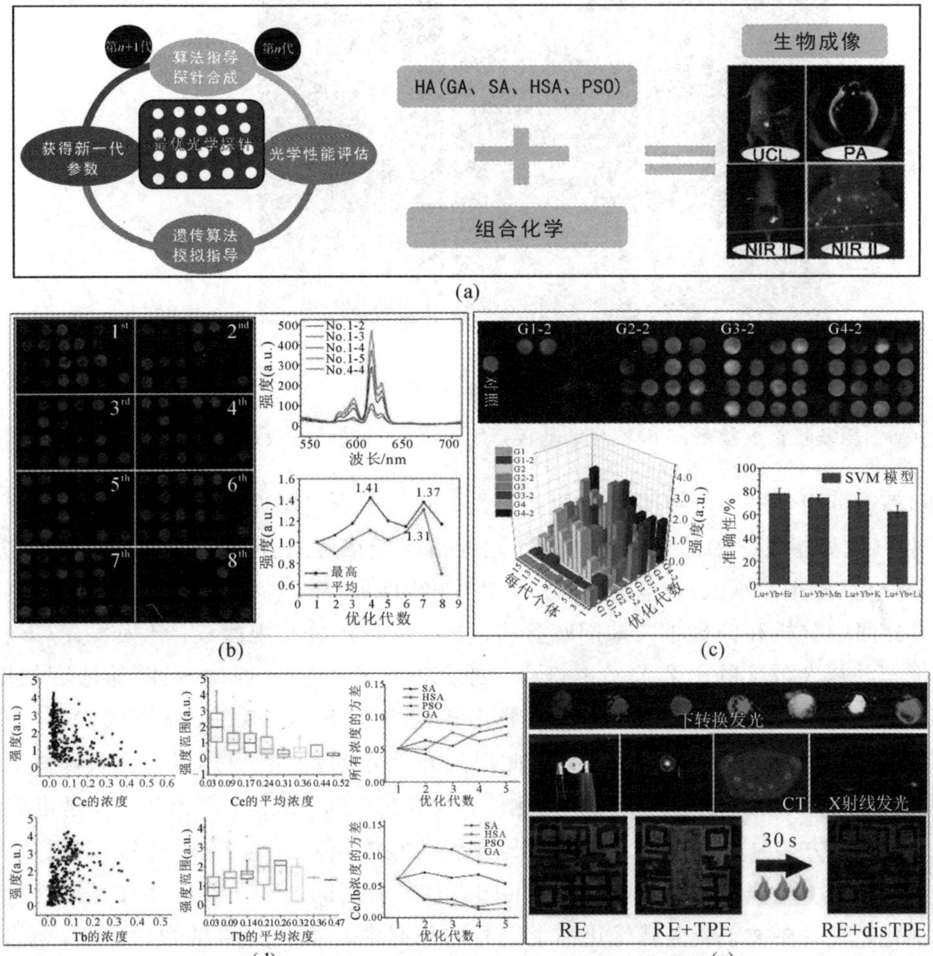

图 3-1　HA 用于寻找最优稀土发光粉的相关研究[127]

(a) 寻找最优发光粉的 HA 示意图及发光粉的生物成像特性；

(b) GA 用于搜索每一代最优发光粉的最高强度、光谱和优化结果；

(c) SVM 用于确定最优发光粉的强度与掺杂元素之间的相关性；

(d) 四种 HA 用于寻找 Ce 和 Tb 的有效性和最佳掺杂浓度；(e) 最优发光粉的应用方向

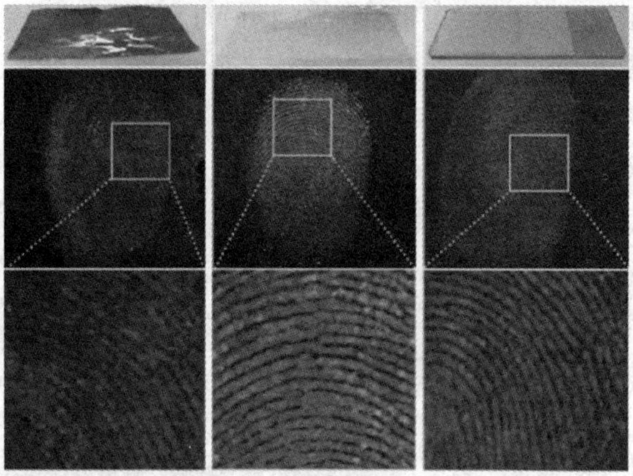

图 3-2　指纹检测[126]

(a)铝箔基板指纹检测；(b)塑料纸基板指纹检测；(c)玻璃基板指纹检测

此外，回归算法可用于进一步阐明优化的稳定性。回归分析是最常用的统计分析方法之一，用于预测属性(此处指发光粉的亮度)和变量(此处指掺杂浓度)之间的定量关系。回归分析包括线性回归分析(最小二乘法)、非线性回归分析(非线性最小二乘法)、逻辑回归分析、岭回归分析、主成分回归分析和偏最小二乘回归分析。根据散射点分布规律，上转换发光/下转换发光发射强度与共掺杂浓度的函数关系更符合一维二次方程的变化规律(强度随浓度的增加先增后降)。在我们的工作中，使用统计产品与服务解决方案(SPSS)软件，将不同代的所有结果(每个研究中的散点)用二次曲线拟合，并据此得到方差分析表，且根据拟合曲线计算 R^2 值和 F 值。R^2 值表示回归平方和与总平方和的比值，该值在 0 到 1 之间，且越接近 1 越准确；F 值是检验统计量，是方差分析的结果。整个回归方程的整体检验决定了整个回归方程是否有用。如果 F 值对应的 Sig 值小于 0.05，则认为回归方程是有用的。F 值和 R^2 值的最终模型值可用于显示优化精度。在关于碱金属优化稀土发光的研究中，SPSS 计算的数值表明，除 Li 元素外，Er、Mn、Yb 和 K 元素对上转换发光强度都有很好的预测作用。同时，我们使用机器学习方法(如 SVM)来判断稀土发光粉的发光稳定性，并预测掺杂元素的重要性[128]。结果表明，使用水热法合成的稀土配合物不易受环境的影响，而 Yb 和 Er 元素对发光的影响较大。最近，Zhuo 使用基于密度泛函理论的 SVM 辅助方法预测了 Ce 活化掺杂发光粉的相对介电常数[269]。此外，Mekki-Berrada 等人使用贝叶斯优化（BO）和深度神经网络（DNN）机器学习方法来预测采样 120 个条件后的调色板[270]。另外，Midtvedt 开发了一种在没有先验知识的情况下建立的加权平均卷积神经网络，用来分析全息图像及区分纳米粒子的大小和折射率[271]。

除了人工智能辅助材料信息学，与生物成像和纳米化学相关的其他应用还有成像分析、发光分析、显微图像分析以及自动纳米材料合成仪（ANS）机器人[272-274]。我们知道RENP的结晶度、相位、形貌(包括均匀性和尺寸)和上转换发光性质对制备以及合成条件的变化非常敏感，为了保持最终产品的稳定性，需要准确控制大规模的平行实验和对比实验的制备条件，传统的手工制备方法可能难以满足如此严格的条件控制要求，于是Zhang[274]设计了一种集成自动化装置，可以全程替代人工控制的合成实验，实现制备条件的精确数字化控制，提高合成效率。最终的稀土形态和发光特性证明了实验结果的可靠性和可重复性。在使用ANS机器人的条件下，可控性、重复性和合成成功率得到了很好的保证。该机器人成功探索了$NaLuF_4$和$NaYF_4$的生长模式，发现随着Lu、Y浓度的增加(从0到0.795)，$NaLuF_4$和$NaYF_4$的生长呈现明显的规律性(规律性涉及均匀性、尺寸、形态、发光等性质)。由于结合了$NaLuF_4$和$NaYF_4$的优点，在相同的制备条件下，该机器人可以在大范围内实现连续可调尺寸和可控发光，这些结果为探索其他类似纳米材料(如$NaREF_4$、REF_3等)的生长规律和进行纳米材料的结构设计提供了指导。

人工智能和机器学习已被提出用于疾病诊断和患者管理，这有助于提高工作效率和更好地了解人类病理生理学[275]。特别是最近，Song等人通过使用可见光深度学习方法以及RE纳米晶体的NIR Ⅱ多模态发射，展示了组织中可见光信息的存储和解码[276]。Ma等人使用深度学习方法在NIR Ⅰ成像的基础上预测NIR Ⅱ成像[272]。此外，如果通过使用^{177}Lu等发射β射线的放射性同位素进行核医学成像来诊断肿瘤，就可以获得分子靶向肿瘤成像和肿瘤放射性摄取量化[275]。同时，Lu-Y氧正硅酸盐等快速闪烁体实现了定时分辨率，可进一步提高图像质量和定量精度。这些临床、转化和基础研究数据，可以通过融合PET/MRI分子成像和人工智能用于进一步的辅助诊断。

3.2 人工智能用于生物医学

人工智能(AI)技术在生物医学领域被提出和广泛应用，如用于自动病历、医学影像处理、新化学或药物的发现、智能医疗设备等。

AI利用机器学习和自然语言处理技术，自动捕捉病历中的临床变量，智能整合多种异构医疗数据，结构化病历和文档，生成标准化数据库，自动将积压病历转换成结构化批次数据库。根据医院的电子病历等系统，AI会推断患者信息，并自动生成针对病人的精细化的治疗建议。另外，AI可应用于病历的结构化处理、多源异构数据挖掘、临床决策支持等。

AI可以帮助医生完成对医学影像的各种定量分析，对比历史影像，或者发现可疑病灶，从而高效准确地完成诊断。例如，它可以应用于视网膜眼底、X 光、病理、超声、内窥镜、皮肤成像等图像。机器学习被提出用于图像处理和诊断，有助于提高工作效率，更好地理解人类的病理生理学。比如，我们可以使用轻量级 Faster CNN 深度学习对糖尿病患者视网膜病变眼底图数据集进行训练、验证和测试，从而实现对视网膜的新生微小血管瘤的快速准确识别。Skrede 提出了癌症患者在 AI 辅助下的一种新的生存评估指标。该评估指标可以通过常规 H&E 病理切片自动判断Ⅱ期或Ⅲ期结直肠癌患者的生存风险[277]。这是病理学史上 AI 首次基于病理图像实现的对肿瘤患者生存风险的直接解读。Li 等人使用深度学习方法和基于病例的形状模板进行肝细胞癌的细胞核分割，可以解决包括粘连或重叠在内的复杂细胞核情况[278]。临床有用的预后标志物是通过深度学习结合传统的肿瘤组织切片 H&E 病理图的数字扫描来开发的[279]。此外，视网膜照片的深度学习也有很多作用，可以预测年龄、性别、血压和血液学参数。Rim 等人使用视网膜照片预测全身生物标志物，包括身体成分指数和血清肌酐，并在具有相似种族背景的人群中进行了深度学习预测[280]。

AI 可以促进新化学物质或药物的发现。新药的开发过程可分为药物发现、临床前开发和临床开发三个部分。现代药物发现在技术上可以分为三个阶段：靶点挖掘和确认、指导发现和指导优化。人工智能主要用于新药发现和临床试验。例如，我们利用加权基因共表达网络(WGCNA)分析和寻找与肺腺癌最相关的关键基因，得到与肿瘤发生相关的最重要基因(阴性：CLEC3B，MFAP4，PECAM1 和 FHL1；阳性：CCNB2，CDCA5，HMMR 和 TOP2A)[92]。然后，我们利用不同公共数据库中不同突变患者的存活率、转录水平和组织免疫组化信息进一步验证了所挖掘靶点的准确性。之后，将临床上高表达的 CCNB2 和 TOP2A 的抗体在 RE 材料上进行修饰，用于肺腺癌病灶的 NIR Ⅱ成像和术中导航。

智能医疗设备是指应用了现代通信与信息技术、计算机网络技术、工业技术、智能控制技术、人工智能技术的医疗设备。它不仅具有智能功能，而且可以摆脱对医生操作的依赖，通过机器学习等底层技术实现自我更新迭代。利用智能医疗设备，一方面可以帮助医生节省工作量，另一方面可以提高设备使用的准确性。最近，多模态成像设备被提出用于疾病诊断，特别是新开发的微型机器人技术得到了进一步展示。例如，Li 使用了具有快速腔内输送和成像功能的内窥镜辅助柔性微型机器人。由于技术的发展，放射引导手术已从开放手术转向腹腔镜和机器人手术[281]。此外，如果添加荧光染料或 RE 复合物，则放射性和混合模块能够检测标记的感兴趣组织，这将为外科医生提供新工具来改善手术结果。另一款专用于疾病治疗的人工智能辅助智能医疗设备已被设计出来。例如，Bansal 展示了一种无线光子 PDT 设备，该设备使用小型化植入设备和无线供电系统进行光传输[282]。

而且，随着各种检测技术(如可穿戴设备、基因检测等)的发展，全面的健康管理逐步实现。个人健康数据变得越来越丰富、广泛，这些数据包括生物数据(如基因等)、生理数据(如血糖、血压等)、环境数据(如每天呼吸的空气)、精神状态数据、社会数据、医疗数据(如个人医疗、用药数据)。通过人工智能技术汇集和分析这些数据，可以提示潜在的健康风险并给出相应的改进策略，最终实现健康的前瞻性管理。Yu 等人曾使用装有缺氧敏感囊泡的微针阵列贴片来释放具有葡萄糖反应性的胰岛素，以实现对糖尿病患者的血糖监测和有效治疗[283]。在最近的工作中，Chen 等人开发了用于抗癌治疗的生物正交催化贴片[284]。

3.3 元启发式算法用于稀土发光优化

在过去的研究中，通常采用经验式的随机方法来寻找量子产率最高的发光粉。由于缺乏有效的实验指导，这种随机方法将花费大量时间。基于此，我们提出了利用元启发式算法来寻找优化的发光粉。元启发式算法是一种基于直观或经验构造的算法，它能够在可接受的成本(指计算时间和空间)下给出问题的一个可行解。元启发式算法的概念来源于启发式算法，它将随机因素与启发式搜索过程相结合，提高了启发式算法的应用范围，使得启发式算法更适合应用于稀土发光粉的合成指导。如图 3－3 所示，元启发式算法的基本流程为：初始解生成，目标函数值计算，基于已有信息以及化学合成方法生成新解，重复迭代直到满足终止条件。

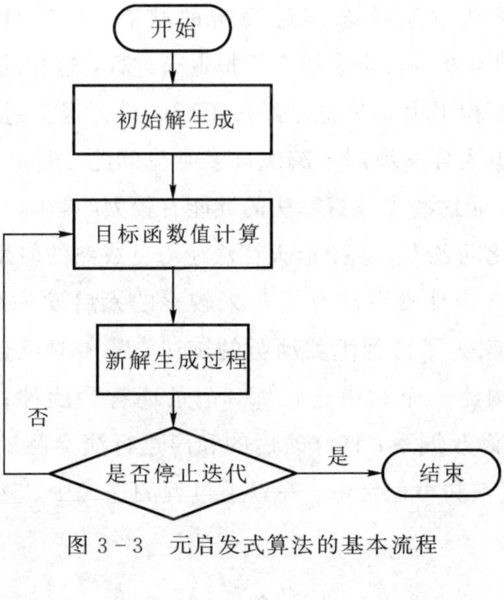

图 3－3　元启发式算法的基本流程

以下介绍几种著名的元启发式算法。

(1) 遗传算法。1859 年，达尔文提出进化论，解释了生物优胜劣汰、环境适应的进化过程。1975 年，美国 J.Holland 教授将达尔文的进化论理论抽象为数学模型并提出遗传算法。遗传算法包含的过程相对较少，其搜索过程具备群体并行性，且其理论基础简单明了，具有较强的可扩展性，也容易与其他相关的算法结合。遗传算法目前是元启发式算法中热门的研究算法，该算法还具有潜力可以挖掘。在指导化学合成优化问题上，遗传算法是常用的一种算法，国内外目前也有较多的论文成果发表。

(2) 粒子群算法。有研究者对鸟群活动进行研究，发现鸟类仅追寻它身边一定量的邻居做出飞行方向的选择。但从整体的角度上观察，整个鸟群是围绕着一个中心构成一个有序的群体的。从这一现象可以得出结论：从全局来看较为复杂的行为，以个体视角分析，仅仅是由简单的规则构成。而粒子群算法就是基于类似的思想。粒子群算法思想简洁明了，容易编程实现，且全局搜索能力强。目前，粒子群算法的应用广泛，在旅行商问题、数据提取、图像特征优化等领域均有应用场景。也有少许的研究者将粒子群算法用在组合化学领域，以指导化学合成过程，筛选化学合成结果。

(3) 模拟退火算法[285]。在食盐制造过程中，将食盐溶液加热，食盐溶液中的水变成蒸汽，溶液浓度增加至饱和；停止加热，随着含水量的下降，食盐结晶，形成晶形为正六面体的晶体。在该过程中，食盐分子从随机杂乱分布到形成性状稳定的立方体。通常将系统温度随时间自然降低的过程称作退火。伴随着退火过程，系统的内能会降低。退火过程可以使得系统找到最低的内能，从而使系统从混乱状态到最稳定的状态。1953 年，模拟退火算法思想被 Metropolis 等人提出，后续不断有科学家研究模拟退火过程，这样的过程最终被抽象构建成模拟退火算法的数学模型。模拟退火算法也是经过不断的模拟退火过程进行迭代，直至找到最后满足要求的结果。模拟退火算法被用于解决许多常见问题，但由于算法中需要设置初始温度系数、退火系数等参数，而这些参数对算法的性能有较大的影响，因此需要算法使用者谨慎设置。在指导化学合成优化问题上，模拟退火算法还未见成熟的应用。

(4) 和声搜索算法。和声搜索算法是近年来较火的元启发式算法，其数学模型来源于曲作家的作曲过程。曲作家为了得到优美动听的旋律，需要对已创作的旋律进行不断的修改、组合。具体过程为：构建一个和声记忆库，记录现有的旋律；从和声记忆库中挑选旋律，对挑选出的旋律进行修改调整；将修改后的和声进行演奏测试，比对和声结果，进而考虑是否将修改后的和声放入和声记忆库。在以上过程的迭代中，逐步找到优美动听的旋律。

3.3.1　遗传算法用于稀土发光优化

遗传算法是一种著名的计算模型，它模拟达尔文进化论的自然选择和生物进化过程，属于元启发式算法范畴。需要注意的是，可行解和最优解是存在偏差的，且偏差程度无法准确估计。以遗传算法为例的元启发式算法不同于梯度下降算法。随着迭代次数的增加，梯度下降算法的结果越来越接近最优解。而遗传算法则采用概率进化的规则来指导搜索方向，它的目标是找到一个比最初的解更好的结果，而不是为了找到最优的结果。在遗传算法计算过程中，对每一代的化合物的组分都应用了进化运算(如精英主义、选择、交叉和变异)。当出现的结果满足最后需求时，即得到了可行的优化结果。

遗传算法大致包括编码选择、编码交叉、交叉后编码突变等过程，这里的选择、交叉、突变等被应用在新一代发光粉比例的生成过程中。因为遗传算法需要选择出发光粉的两个基因编码进行配对交叉，所以我们首先通过轮盘赌过程，选择出两个用于交叉的发光粉编码。轮盘赌过程的思想是：由权重决定概率。例如存在两种发光粉：A 和 B，A 发光粉的发光强度为 99，B 发光粉的发光强度为 1。如果要从 A、B 两种发光粉中选择一种发光粉，将发光粉的发光强度作为权重，那么 A 被选中的概率为 99%，B 被选中的概率为 1%。以上就是轮盘赌过程的一个具体示例。在遗传算法的编码选择这一步中，由于采用轮盘赌，具有高发光强度的发光粉的编码更有机会被选择出来，用以产生下一代发光粉的编码。因此，从遗传学角度来说，发光强度高的稀土发光粉个体更容易被选中进行配对交叉来生成子代发光粉个体。当然，与此同时，为了保障发光粉编码的多样性，低发光强度的发光粉的编码也有一定概率被选中进行编码交叉，参与下一代编码生成，但概率较低。轮盘赌、交叉、突变等过程重复进行生成同样数量(20 个)的发光粉编码。同时在算法中，精英主义的概率为 50%，用来决定是否选出上一代中发光强度最高的发光粉的编码，替换新一代发光粉中发光强度最低的发光粉的编码。例如：用第一代中发光强度最高的发光粉的编码(命名为 A)来替换第二代中发光强度最低的发光粉的编码(命名为 B)，然后用包含 A 的第二代编码计算生成第三代发光粉的编码。精英主义可以使每一代的最优编码延续下去，但此种方法会增加算法向局部最优搜索的概率。局部搜索能力与全局搜索能力是遗传算法需要平衡的两个能力。全局搜索能力能够在整个可能的发光粉比例中找到发光强度高的发光粉的编码。局部搜索能力能够在一定范围内对搜索进行微调，进一步对发光粉编码细化。为了使算法搜索的结果能够更靠近全局最优解，遗传算法的使用者应该注意精英主义对全局搜索能力的影响。在本实例中，将精英主义的概率设置为 50%，就是为了平衡遗传算法的全局搜索能力与局部搜索能力。交叉采用的是单点交叉，交叉点是完全随机的。突变是对单点交叉产生的染色体随机增减一个值。遗传算法交叉和突变过程如图 3-4 所示。由于在遗传算法的纯理论计算过程中，算法的迭代次数一般是成千上万的，而化学实验过程相对复杂，不可能和理论计算中的迭代次数在量级上平等。因此，为了保证发光粉编码的多样性，使算法的收敛速度不至于过快，在计算中，将突变的概率设定为 100%。

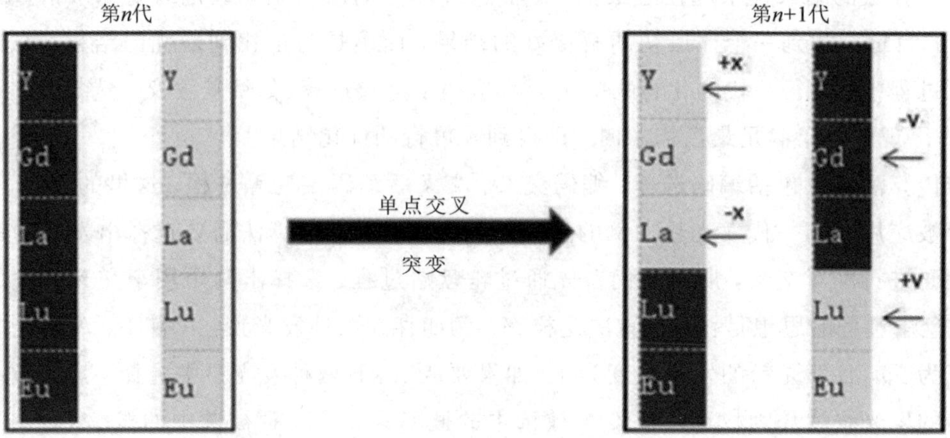

图 3-4 遗传算法交叉和突变过程

需要提出的是，通过交叉、突变生成的编码并不能直接用于指导发光粉的合成。以第一代发光粉编码通过遗传算法生成第二代发光粉编码为例，第一代中每一个编码的值相加的和值是常数 1。而通过遗传算法生成的第二代发光粉编码值，由于经过了交叉和突变过程，和值不能保证为 1。因此需要通过编码归一化，使得和值为 1。归一化的方式为：铕离子的值不变，镧、钆、钇和镥四种元素的值按照其归一化之前的数值分配“数值 1 减去铕离子的值”之后的值。当然，不必担心铕离子的值经过突变会大于 1，因为在算法中，对铕离子突变范围的设定值小于 1。

经过提炼总结，可得遗传算法流程如下：

(1) 以当前 20 种发光粉作为父本，测量父本的发光强度。以发光强度作为发光粉的适应度。

(2) 以适应度为参考，适应度越高的发光粉越容易被选中。精英主义的概率为 50%，即存在 50%的可能性将父本中 20 个发光粉编码里适应度最低的发光粉进行替换。

(3) 以选出的 2 个编码为父本，单点交叉生成 2 个新的编码。

(4) 对步骤(3)生成的 2 个编码分别进行单点突变，突变范围为 0 到 2 倍的编码值。

(5) 对步骤(4)生成的编码进行归一化，得到 2 个子代编码。

(6) 循环步骤(2)、(3)、(4)、(5)，直到生成 20 个子代编码。

我们结合化学实验与遗传算法，通过四个过程来找出最亮的 Eu 掺杂发光粉。这四个过程为：发光粉的合成、亮度评价、以亮度为适应度基准的优化计算和新组成的计算。通过重复这四个过程，利用遗传算法的计算结果指导下一代发光粉的制备。测量第一代所有发光粉的发光强度(在遗传算法的计算过程中通过 MATLAB 将其转换为亮度值)，作为算法使用的适应度。第二代发光粉的组分是在第一代发光粉组分的基础上计算得到的，两代发光粉组分数量一致。对第二代发光粉执行上述相同操作，获得第三代发光粉组分，依此类推。随着迭代次数的增加，遗传算法最终找到合适的、发光强度高的发光粉成分组合。在获得发光强度最优的发光粉后，可以利用该发光粉进行指纹监测、体内 CT 成像和体内下转换发光成像性能检测。

3.3.2　多种元启发式算法用于稀土发光优化

在 3.3.1 节中仅采用遗传算法优化发光粉，本小节进一步探究能否为稀土发光粉优化提供更多具体的算法。我们研究采用遗传算法、粒子群算法、模拟退火算法几种元启发式算法来优化发光粉的发光强度。在以上三种元启发式算法中，粒子群算法的优化效果随着迭代次数的增加而逐渐增强，遗传算法可以在较短的时间内找到发光性能较优的发光粉，模拟退火算法没有明显的优化效果。发光强度最优的发光粉还可以用于生物成像剂、二维码识别、防伪等。

稀土材料具有物理/化学性质稳定、激发波长及发射光谱多样、发射光颜色可调等典型优点。这种材料广泛应用于工业光学、光传感器、光活性治疗、生物成像等领域。如何找到具有最佳发光特性(强度、寿命和量子产率)的发光粉，是一项热门但具有挑战性的课题。在已有经验的基础上，采用“试错法”或凭直觉进行实验研究，往往盲目且花费大量的时间，也可能造成改进效果不明显。人工智能算法具备适应环境的能力，可对外界变化做出反应。人工智能算法中的元启发式算法是一种典型的优化策略，它可以指导研究者找到更好的结果，并且被认为优于基于梯度的优化方法。元启发式算法被定义为一种基于直观经验的新算法，它能以可接受的成本(指计算时间和空间)给出可行的结果。众所周知，发光粉是基质、激活剂和敏化剂的共掺杂。元启发式算法可以利用已知的参数和相应的适应度来预测下一代发光粉的参数，因此非常适合用于寻找新的性能更好的发光粉。在 3.3.1 节中实现了采用遗传算法来优化发光粉，与最初所提的最亮发光粉相比，发光粉的发光性能得到了改善。这为本研究实例进一步实现和使用更适合的算法带来了灵感，使新的发光粉发光性能优于现有的发光粉。

1. 遗传算法流程

本次实验首先选择使用遗传算法作为第一个指导算法，根据在3.3.1节实验中积累的经验，遗传算法用在共掺杂发光粉合成上更容易实现且可靠性更高。对于遗传算法，主要的构成依然是选择、交叉、突变几个过程。与3.3.1节相同，选择过程依然采用轮盘赌方式，交叉方式为单点交叉。但这里的遗传算法与3.3.1节中的遗传算法也有一定区别，主要体现在：① 突变过程由3.3.1节中的两点突变改为单点突变，突变范围为0到2倍的当前编码值。② 虽然3.3.1节找到了发光强度令人满意的发光粉，但实验迭代进行了8次，经过后续分析，我们认为迭代次数过久，应该增强算法的全局搜索能力。因此本小节实验中未设定精英主义的概率，反而为了降低遗传算法的局部最优搜索能力，在生成下一代发光粉编码过程中，抛弃了当代最亮的发光粉的编码。③ 对于突变之后生成的编码，其归一化方式不再和3.3.1节所描述的归一化方式相同。这里采用离差标准化(Min - Max Normalization)方式进行归一化。

经过提炼总结，可得遗传算法流程如下：

(1) 在已有文献的基础上，合成了第一代20种发光粉，并用MATLAB程序提取了发光粉的亮度值。在这里，每代的对照发光粉(21)为GdOF：5%Ce，15%Tb。

(2) 使用轮盘赌方式，选择亮度较高的发光粉的可能性较大。考虑到精英主义可能增加局部最优发生概率，因此抛弃亮度最高的发光粉的编码。也就是说，可以选择其他19个编码来生成新编码。

(3) 选择2个编码进行单点交叉，生成下一代的2个新编码。

(4) 对步骤(3)中的2个新编码进行单点突变，突变范围低于相应编码值的2倍。

(5)将编码进行离差标准化，Min的值是0，Max是该编码中钆、镧、镥、铈和铽这5个维值的和值。

(6)循环执行步骤(1)、(2)、(3)、(4)和(5)，直到生成20个编码，这20个编码用于合成下一代的发光粉编码。

2. 粒子群算法流程

粒子群算法是基于动物群体行为的观测分析结果建立的数学模型。假设广场上有一群鸟在追逐食物，它们最初散布在广场周围，但随着时间的推移，它们可以逐渐朝着食物的方向前进，最终找到食物。寻找食物的最简单的方法就是搜索离食物最近的鸟的四周。也就是说，从全局来看较为复杂的行为，以个体视角分析，仅仅是由简单的规则构成。

在粒子群算法中，将一个发光粉编码称作一个粒子的位置，在算法的迭代过程中，生成新的编码代表着粒子移动到新的位置。粒子群算法中所采用的编码方式与上述遗传算法中所采用的十进制编码方式相同。

粒子群算法中涉及的一些参数说明如下：

(1) 第 i 个粒子的位置，即标号为 i 的粒子所在的位置 P_i，粒子先前的位置 P_i'：$P_i=(P_{i1}, P_{i2}, P_{i3}, P_{i4}, P_{i5})$，$P_i'=(P_{i1}', P_{i2}', P_{i3}', P_{i4}', P_{i5}')$。其中，$P_{in}$ 指的是第 n 代第 i 个粒子所在的位置。

(2) 第 i 个粒子的移动速度 V_i：$V_i=(V_{i1}, V_{i2}, V_{i3}, V_{i4}, V_{i5})$。其中，$V_{in}$ 指的是第 n 代第 i 个粒子的移动速度。

(3) 第 i 个粒子经过的最佳位置 PB_i：$\mathrm{PB}_i=(\mathrm{PB}_{i1}, \mathrm{PB}_{i2}, \mathrm{PB}_{i3}, \mathrm{PB}_{i4}, \mathrm{PB}_{i5})$，代表粒子 i 在迭代中所经过的最佳位置。

(4) 所有粒子所经过的全局最佳位置 PG：$\mathrm{PG}=(\mathrm{PG}_1, \mathrm{PG}_2, \mathrm{PG}_3, \mathrm{PG}_4, \mathrm{PG}_5)$。

(5) 第 i 个粒子的适应度 F_i：第 i 种发光粉的发光强度。

(6) 全局最佳位置对应的适应度 FG。

(7) 第 i 个粒子的位移 S_i。

粒子群算法中涉及的一些计算式如下：

$$S_i=P_i-P_i' \tag{3-1}$$

这里，P_i 代表粒子当前的位置，P_i'代表该粒子先前的位置。

$$V_i=w\times S_i+c_1\times r_1\times(\mathrm{PB}_i-P_i)+c_2\times r_2\times(\mathrm{PG}-P_i) \tag{3-2}$$

式中：w 是速度惯性系数，$w=1-0.2\times$迭代次数，随着迭代次数(代数)的增加，w 会减小；$c_1=1.6$，$c_2=2.0$；r_1 和 r_2 都是随机的，其值小于 1 且大于 0。

$$P_i=P_i+V_i \tag{3-3}$$

式(3-3)表明，粒子的下一个位置可以由当前位置和运动速度之和得到。

$$P_i=R_1\times P_i+R_2\times \mathrm{PB}_i+R_3\times \mathrm{PG} \tag{3-4}$$

这里，$R_1+R_2+R_3=1$，R_1、R_2 和 R_3 的值是随机的，其值小于 1 且大于 0。

粒子群算法流程如下：

(1) 根据公式(3-1)计算 S_i。对于初代粒子群而言，P_i'并不存在，P_i'可设定为小于 P_i

的随机正数。

(2) 根据公式(3-2)计算 V_i。对于初代粒子而言，PG 是初代粒子中适应度最高的粒子位置。

(3) 使用公式(3-3)更新每个粒子的位置。但如果 P_{in} 与 V_{in} 之和小于 0，则使用公式(3-4)更新 P_{in}。

(4) 得到更新后的 $P_1 \sim P_{20}$，采用离差标准化方式进行归一化，根据归一化后的数据合成对应的发光粉。

(5) 测量发光粉的发光强度。如果第 i 个粒子的适应度 F_i 提高，则 PB_i 设定为当前粒子的位置。如果存在一个粒子，其适应度大于 FG，则更新 FG、PG。

(6) 重复进行上述流程，得到多组发光粉编码及对应的发光强度数据。

在粒子群算法中，粒子将要到达的下一个位置，不仅需要参考自身现在所处的位置，也需要参考自身的移动速度。作为一种收敛速度快的算法，粒子群算法中粒子的位置移动也需要参考所有粒子所经过的全局最佳位置 PG。

3. 模拟退火算法流程

与其他元启发式算法类似，模拟退火算法的求解过程同样不需要梯度信息，且算法对劣解有包容能力，这使得模拟退火算法在面对一些情况较为复杂的搜索问题时，能够更容易避免局部最优，而增强全局搜索能力，这对于全局最优解的寻找是有利的。

模拟退火算法涉及的参数及准则如下：

(1) 粒子状态库 S，含 20 个发光粉编码。

(2) 新粒子状态库 S_n。

(3) Metropolis 接受准则：

$$P = \exp\left(\frac{\mathrm{d}E}{T \times \delta^{n-1}}\right) \tag{3-5}$$

式中：P 是接受概率；$\mathrm{d}E$ 是粒子降温后的能量增加值，即粒子迭代后的适应度增加值；T 是初始温度，其值设定为 2.3；δ 是降温系数，其值设定为 0.4；n 是实验迭代次数。

模拟退火算法的流程比上述两种算法的更为简单，具体如下：

(1) 通过类似于遗传算法单点突变的状态生成函数，从现有粒子状态库 S 生成新的粒子状态库 S_n。对于新一代的发光粉，我们用 S_{Ni} 表示，其中 N 表示实验代数(比如 $N=1$, 2, 3, 4, 5)，i 表示每一代的样品编号(比如 $i=1, 2, \cdots, 20$)。

(2) 先对 S_n 进行归一化处理，用于合成发光粉，然后检测适应度值。如果 S_{Ni}($i=1$,

2，…，20)的适应度值大于 S_i($i=1$，2，…，20)，则将 S_{Ni} 作为下一代发光粉的新编码。否则，仍有可能以公式(3－5)的 P 值的概率接受 S_{Ni} 为 S_i。

这里对"以公式(3－5)的 P 值的概率接受"这个概念进行详细的说明。首先需要确定 P 的本质是一个概率，P 的取值范围为(0，1)。在算法实现中，产生一个(0，1)内的随机值 r，将 r 与 P 进行大小比较。如果 P 值大于 r 值，那么接受 S_{Ni} 为 S_i；否则，拒绝接受 S_{Ni} 为 S_i。

与 3.3.1 节中的遗传算法相比，由于优化目标不同，因此本小节的遗传算法直接去掉每一代中最优解，以此来降低算法的局部最优概率。另外采用的单点突变方法也不同。从实验结果看，本小节中所采用的遗传算法使得最高亮度比第一代增强了 54%，与 3.3.1 节实验共迭代 8 代、增强 41%的效果相比，在更少的迭代次数下，获得了更强的优化效果。由于更加重视遗传算法的全局搜索能力，因此朝着全局搜索能力更强的方向去调节参数，能够更快地得到较为优秀的优化结果。在本小节中，遗传算法在第 3 代找到了最优结果，而 3.3.1 节中所使用的遗传算法在第 4 代找到最优结果，这也是算法全局搜索能力的有力体现。当然，由于两次优化的体系不同，所以这种比较并不具备绝对性。仅从本小节优化的体系进行分析，由于迭代中化学实验合成是十分繁复的工作，时间成本、人力成本等消耗高，不能够为了找到最优的发光粉而无限次地进行计算迭代，因此，降低算法的迭代次数是一个重要问题。通过与 3.3.1 节的遗传算法对比，本小节的遗传算法更倾向于提高全局搜索能力，使得优化过程能够更快。

本小节中所使用的粒子群算法，通过 5 代的迭代，最终优化效果达到 131%。仅从结果分析，粒子群算法的最终优化效果不如遗传算法的最终优化效果。但逐代对比分析，发现粒子群算法的优化效果、均值和最大值都是逐渐增强的，在第 5 代中的均值和最大值均大于前 4 代，与遗传算法相比较，粒子群算法的优化效果更加循序渐进。对于化学合成实验而言，降低时间成本、人力成本等消耗是十分重要的事情，但在某些可以承担更高实验成本且需要得到更好的优化效果的情况下，粒子群算法会是一个更好的选择。

对于模拟退火算法而言，其优化效果并不明显，没有得到良好的结果。与上述遗传算法以及粒子群算法相比较，模拟退火算法仅仅依靠粒子原来的信息，在原有的状态之下，通过类似于遗传算法的单点突变来生成新状态。这样的新状态生成过程，强烈地体现了算法的局部搜索能力，而并未体现算法的全局搜索能力，因此，在迭代 5 次的情况下，对发光粉基本没有优化效果。使用模拟退火算法，发光粉的发光强度没有大的改变，也从侧面证明了粒子群算法的强局部搜索能力。在 3.3.3 节中，我们将对模拟退火算法进行改进，再对几种算法进行进一步的比较。

3.3.3 改进模拟退火算法用于稀土发光优化

在 3.3.2 节中，模拟退火算法没有得到良好的优化效果。作为元启发式算法中的经典算法，模拟退火算法在传统优化问题，如旅行商问题、电路优化设计问题以及工作安排调度问题等上展现出了良好的优化性能。但通过实验发现，模拟退火算法对发光粉的优化结果并不优良，本小节实验考虑的重要问题就是对模拟退火算法进行改进，将模拟退火算法应用在发光粉优化问题上，同时也进一步研究元启发式算法与发光粉优化问题结合需要注意的关键点。

在前面的研究中，探索性地将铕掺杂稀土红光发光粉应用于指纹检测领域，这种应用方式利用了稀土发光粉粒子粒径小、光色纯等优点。在这里将继续探索发光粉的潜在应用，将稀土发光粉应用于一种特殊的二维码。

1. 问题分析

在 3.3.2 节中，我们的实验采用传统的模拟退火算法对发光粉进行优化，但优化效果不佳，通过 5 代的迭代，发光粉亮度没有明显的优化，而另外两种元启发式算法对发光粉的优化有显著效果。在前期对模拟退火算法的调研中，发现模拟退火算法已成功应用于许多优化问题。但在对稀土发光粉的优化中，通过 5 代的迭代，模拟退火算法并没有给出一个令人满意的答案。我们初步认为，这是迭代次数不足造成的，但 5 次迭代都没有得到明显的发光亮度优化，说明传统的模拟退火算法对迭代次数的反应不敏感。因此本小节实验不再选择继续在第 5 代模拟退火算法得到的发光粉基础上进行优化，避免在接下来多代中，依然没有良好的优化效果。如果算法没有实时的反馈，就无法在算法过程中进行实时的调整和改变，模拟退火算法即使能够在多次无明显优化的迭代之后的某一代产生明显优化效果，也并不是一个理想的优化算法。因为算法使用起来盲目性过高，不适合实际应用于发光粉的优化。

为了能够更好地将模拟退火算法应用于发光粉的优化过程，扩展应用于发光粉优化的算法，本小节对模拟退火算法做出了改进，并通过对发光粉进行优化后的算法进行验证。

传统的模拟退火算法流程如下：

（1）通过简单的状态生成函数生成新的发光粉编码。在 3.3.2 节中，采用遗传算法的单点突变作为状态生成函数。

（2）通过 MATLAB 提取粒子的适应度。如果新粒子适应度提高，那么该编码被接受作为粒子新状态；如果新合成的粒子亮度没有提高，那么该编码依然有 $P=\exp(\mathrm{d}E/[T\times\delta^{n-1}])$的概率被接受作为粒子的新状态。

遗传算法和粒子群算法的流程见 3.3.2 节。

通过分析，可以将以上几种算法的流程分为两个部分：① 编码的选择；② 新编码的生成。对于遗传算法而言，采用轮盘赌方式的选择过程，就是编码的选择，精英主义也可以看作是编码的选择，而交叉和突变都可以看作是新编码的生成过程。对于粒子群算法而言，粒子群算法中的 $V_i=w\times S_i+c_1\times r_1\times(\mathrm{PB}_i-P_i)+c_2\times r_2\times(\mathrm{PG}-P_i)$等公式都是为新编码生成而服务的。另外，在算法流程中，适应度提高则更新编码，这一简单规则可以看作是编码的选择过程。对于模拟退火算法而言，算法明确的第一步是新编码的生成，第二步是编码的选择。因此从流程上大体看，三种算法的过程是相似的。

下面对算法流程进行更细致的分析。

先分析三种算法对于编码的选择过程：

遗传算法中，所有编码信息都有机会遗传下去。当然，有机会并不代表所有编码一定会将自身蕴含的信息遗传下去。由于某些编码的适应度差，实际上编码并不会被选中。当然，依然要强调，从概率上来说，每个编码都有机会被选中。

粒子群算法的编码选择机制相对简单，算法本身强调粒子的并线计算，因此每一个粒子均会被选中。最终的接受规则也简单，最高适应度增加即接受，最高适应度减少则不接受。

相比遗传算法与粒子群算法而言，模拟退火算法的编码选择机制复杂度更高。整个算法侧重点就在于编码的选择过程。提高对劣解的接受程度，使得模拟退火算法比其他元启发式算法更能够逃离局部最优陷阱。因此，本实例认为经典模拟退火算法对于发光粉优化失效的原因不在于编码的选择过程。

再分析三种算法对于新编码的生成过程：

遗传算法中，新编码由轮盘赌方式选择出来，交叉突变生成。对于每一个新编码而言，是以全部已有的发光粉编码信息为基础，通过选择、交叉和突变生成。从概率上来说，每个编码都能够被利用。

粒子群算法中，除了使用粒子本身的信息，还用到粒子与先前位置有关的移动速度以及整个粒子群所经过的全局最佳位置的信息。也就是说，粒子群算法与遗传算法类似，对于新编码的生成，利用的信息不仅包括单个编码的信息，还有来自群体的编码信息。

模拟退火算法与遗传算法、粒子群算法相比，其新编码生成方式十分简单，仅仅利用了单个编码本身的信息加上随机突变。

综合以上分析，本研究认为，模拟退火算法与其他算法相比，其新编码生成方式需要进一步构造，且对于新编码的构成，需要尽可能地利用其他发光粉的编码信息。

2. 新编码生成方式改进

为了验证“新编码的构成，需要尽可能地利用其他发光粉的编码信息”这一论点，本研究引入了改进的新编码生成方式。该新编码生成方式来源于和声搜索算法。和声搜索(Harmony Search，HS)算法是模仿音乐家作曲的一种新的元启发式算法。在创造和声的过程中，音乐家根据现有的和声旋律，改变或重复调整一些和声音调，最终获得美妙的和声旋律。通过上述过程构建出的数学模型称为和声搜索算法。该算法所涉及的参数如下：

(1) 和声记忆库 HM。HM_i 是 HM 的第 i 种发光粉，$HM_i=(HM_{i1}, HM_{i2}, HM_{i3}, HM_{i4}, HM_{i5})$。

(2) 新创造的和声 HN。$HN=(HN_1, HN_2, HN_3, HN_4, HN_5)$。

(3) 当前的最佳和声 HB。$HB=(HB_1, HB_2, HB_3, HB_4, HB_5)$。

(4) 和声记忆库取值概率 HMCR。HMCR 取值为 0.98。在和声搜索算法中音调微调概率(PAR)并不是常量，但本研究中 HS 只是用于生成新的发光粉编码，因此 PAR 取固定值 0.47。

下面对模拟退火算法的新编码生成过程进行改进，这种基于和声搜索算法的改进模拟退火算法流程如下(算法中 r、r_1、r_2 为小于 1 的随机正数)：

(1) 令 HN_i 等于 $HM_i(i=1, 2, 3, \cdots)$。

(2) 如果 r_1 小于 HMCR，则 HN_i 不变；如果 r_1 大于 HMCR，则 $HN_i=r$。

(3) 如果 r_1 小于 HMCR，r_2 大于 PAR，则 $HN_i=HB_j$。其中，i 和 j 指的是样品编号。

(4) 通过重复执行步骤(2)和(3)，得到所有的 HN_i。

(5) 先将 HN 的数据归一化，用于合成发光粉，然后检测适应度。如果 HN 的适应度高于 HM，则将 HN 作为下一代的新编码。否则，仍有概率 $P=\exp[dE/(T\times\delta^{n-1})]$接受 HN 作为新编码。如果不接受 HN 作为新编码，则新编码保持不变。

(6) 用步骤(1)到(5)操作 HM 中的所有编码，得到新的 HM。

上述流程中，$P=\exp[dE/(T\times\delta^{n-1})]$中的参数值与 3.3.2 节中模拟退火算法的参数值一致。在改进的算法中，本研究并没有对模拟退火算法的新编码接受准则进行任何修改，只修改了新编码生成方式。为方便对改进模拟退火算法与传统模拟退火算法进行比较，这里给出改进模拟退火算法流程，如图 3-5 所示。

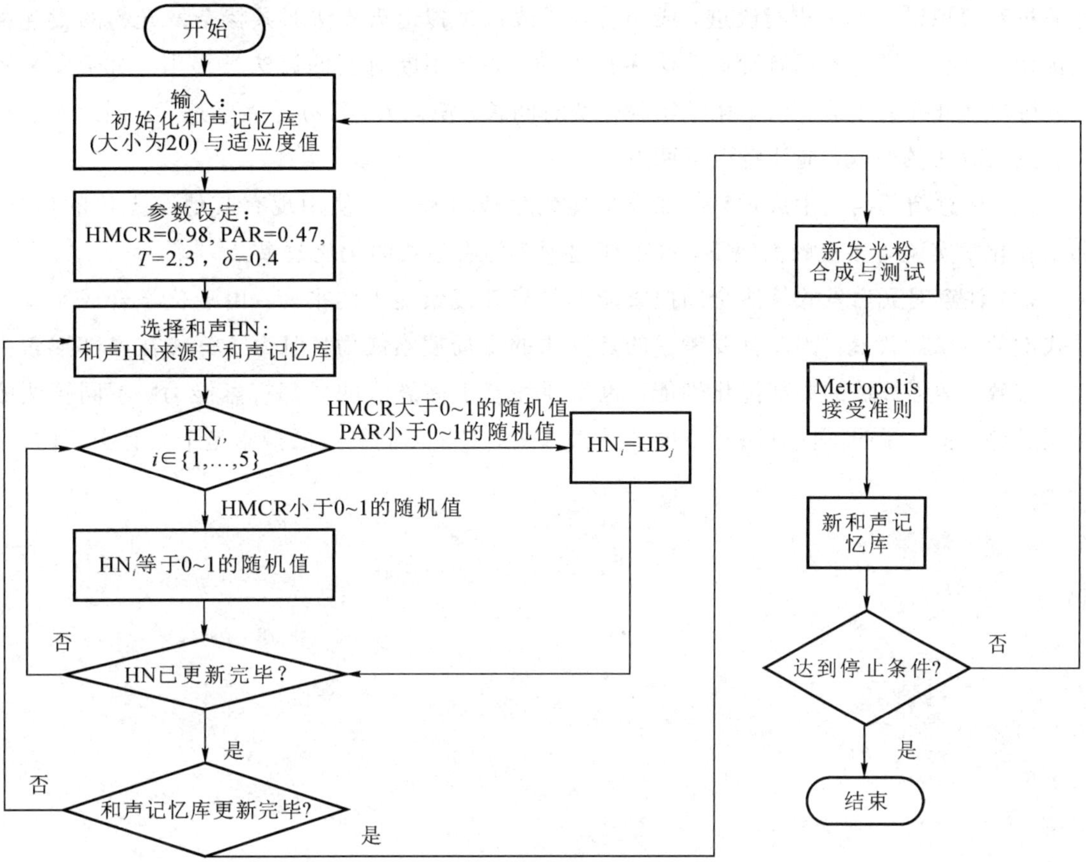

图 3-5　改进模拟退火算法流程

在全局搜索能力较高的情况下，为了同时搜索更多的可能性，同一代中的点更分散；而在局部搜索能力较高的情况下，点更集中。欧氏距离的方差表明了该算法的局部搜索能力和全局搜索能力。这里，计算点(每个样品的浓度值，比如 Gd、La、Lu、Ce、Tb)与点(0.2，0.2，0.2，0.2，0.2，0.2，0.2)之间的欧氏距离的方差代表点的聚散程度。方差值越小，说明搜集点越集中，搜索范围越小；方差值越大，说明搜索点越分散，搜索范围越大。粒子群算法的方差值随着迭代次数的增加而逐渐减小。从图 3-1(d)右上图中可以看出，粒子群算法具有较高的局部搜索能力。同时，所有算法的 Ce/Tb 浓度方差都有逐渐减小的趋势，如图 3-1(d)右下图所示，这也表现出了算法的局部搜索能力和全局搜索能力。

在本节中，我们首先分析了遗传算法和粒子群算法的成功应用，以及模拟退火算法对发光粉优化无效的现象。然后对算法进行抽象提炼，分析出模拟退火算法优化无效的原因，并通过对模拟退火算法进行改进，成功实现了改进模拟退火算法对共掺杂发光粉的发光强度优化。学术界提出的元启发式算法多种多样，并且不断有新的算法被提出。对于发光粉发光强度优化工作而言，由于化学实验耗费时间长、消耗大、没办法大量迭代，因此在选择元启发式算法的时候，应注意以下两点：

（1）注意新编码的生成过程。如果新编码生成过程没有使用现有其他发光粉的信息，那么在化学实验可接受的消耗下，并不能达到实验者想要的优化效果。

（2）注意对元启发式算法全局搜索能力与局部搜索能力的平衡。由于化学合成实验对迭代次数的敏感度高，因此首要考虑的是算法的全局搜索能力。但为了算法在局部搜索中更加细致，增强算法的局部优化性能，也需要注意平衡算法的局部搜索能力。不同算法的发展趋势不同，说明不同算法有不同的搜索方式，对于不同算法的探索是十分有必要的。

第四章 稀土发光用于生物诊断

4.1 体外成像

稀土离子在深紫外到红外区域的宽光谱区域内具有多个离散的发光带，并已广泛用于体外成像。RENP 的作用类似于经典的分子染料，如异硫氰酸荧光素(FITC)、花菁类染料吲哚菁绿(ICG)等。当 Eu 掺杂的稀土纳米粒子用于细胞显微镜时，可以利用发射的红色下转换发光进行细胞成像，相关研究如图 4-1 所示。由图 4-1(a)可知，$MgSiO_3$:Eu 介孔纳米粒子可以发射 600～700 nm 的宽带下转换发光[286]。可以观察到，红色下转换发光的强度随着细胞质中纳米粒子吞噬时间的延长而增加。图 4-1(b)表明，当在细胞核中用常规 DAPI 标记时，细胞核中的发光是稳定的，并且 Eu 的红色发光在细胞质中同样保持稳定。除了可见光区域的下转换发光，近红外光到更远波长的纳米探针已广泛用于体外高效生物成像[287]。研究人员在 980 nm 激光下通过 1 cm 的猪肉测量到了来自 RENP 的 1550 nm 下转换发光[288]。

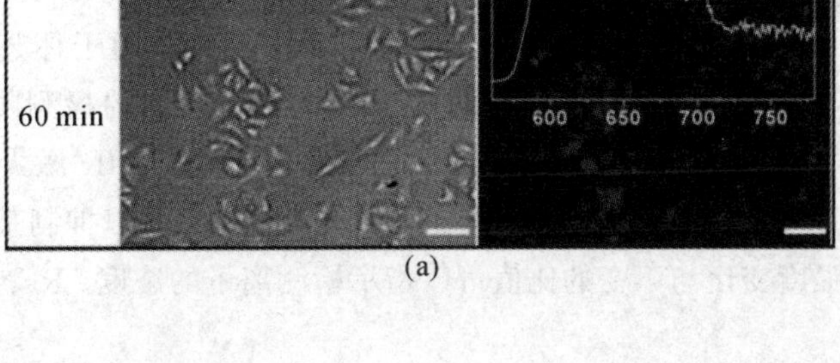

(a)

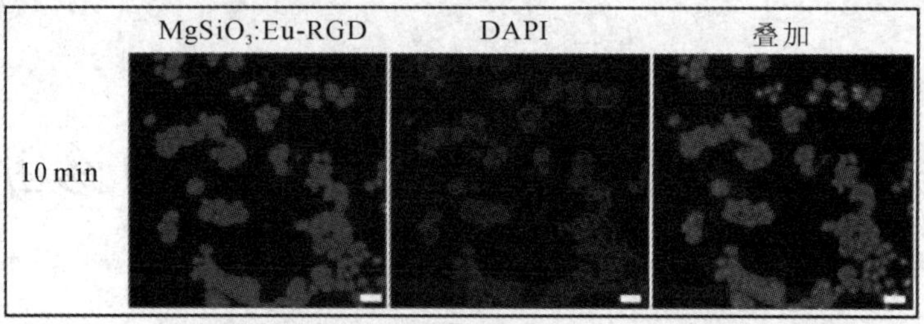

(b)

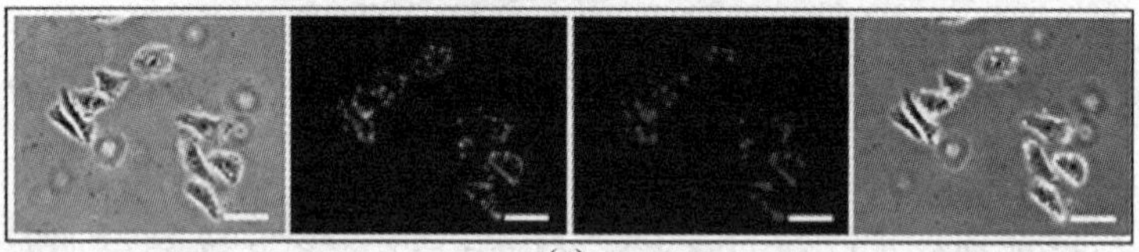

(c)

图 4-1 Eu 掺杂的稀土纳米粒子利用下转换发光、上转换发光进行细胞成像

(a) 用 $MgSiO_3$:Eu 介孔纳米粒子孵育的 HeLa 宫颈癌细胞在不同摄取时间点的倒置荧光显微镜图像和共聚焦激光扫描显微镜(CLSM)图像；
(b) 用 $MgSiO_3$:Eu-RGD 孵育 10 min 的 HeLa 宫颈癌细胞的共聚焦激光扫描显微镜(CLSM)图像（所有比例尺均为 50 μm）[286]；
(c) HeLa 宫颈癌细胞与 GdOF:Yb、Er、Mn 孵育 3 h 的倒置荧光显微镜图像（使用 980 nm NIR 激发产生 808 nm 的上转换发光）[112]

除了下转换发光，上转换发光也可用于体外成像。如图 4-1(c)所示，来自 RENP:Er 的上转换发光可用于在 980 nm 激发光照射时对细胞进行成像。当 CaF_2:Yb，Tm 纳米粒子用于发光生物成像时，980 nm NIR 激发产生 808 nm 的上转换发光[88]。有研究人员合成了 $NaYbF_4$:2%Tm，其中 980 nm 激发产生的 800 nm 上转换发光的发光强度是 $NaYF_4$:20%Yb，2%Tm 的 3.6 倍[289]。在另一项工作中，研究者使用 RENP:Tm，Yb 获得 800 nm 发射，用于体内高对比度成像[290]。使用包裹在大鼠股骨周围的载有纳米粒子的合成纤维网进行高对比度发光成像，800 nm 的发光可以穿透 3.2 cm 的组织。

基于稀土的 FRET 可用于时间分辨成像。Boltersdorf 提出了低 pH 环境下的 Tb-罗丹明供体-受体 FRET 系统[291]。这种 pH 响应系统可以用于体外肿瘤细胞成像，因为肿瘤环境的 pH 值较低。探针在低 pH 值下具有 FRET-on 特性，在高 pH 值下具有 FRET-off 的特性。Su 报道了一种基于 AIEgens 的 Tb 复合物(TPE-Tb)，用于体外检测炭疽生物标志物[292]。通过聚集诱导增强发射，TPE-Tb 在水中或实际样品中的检测限可以更低。

稀土配合物的典型比率探针可用常见的可见光激发，并具有 NIR 激光激发的优势。比率探针基于响应发光和不变发光。当稀土配合物与检测离子相遇时，可以抑制基于稀土的 FRET，使一些发光增强，发光强度变化与不变的比值可以指示检测离子的浓度。RENP 比率探针已被用于检测缺氧(缺氧是恶性实体瘤的显著特征，会导致放化疗失败，从而引起严重的耐药性或肿瘤侵袭转移)。Shi 和 Bu 报道了用于比率成像的 RE-指示剂平台的设计和合成，该平台可以选择性和可逆地检测体外缺氧水平。该平台由两部分组成：一是氧气指示剂$[Ru(DPP)_3]^{2+}Cl_2$，用于检测缺氧环境；二是稀土纳米粒子，在 980 nm 激光照射下通过上转换发光过程提供可见光激发的指示剂。图 4-2 展示了在 980 mm 激光照射、体外不同氧环境下的稀土复合物绿色上转换发光、红色上转换发光、合并和比率测量的 CLSM 图像[293]。图 4-2 中的结果表明，纳米系统在不同的高/低氧条件下可以经历可逆的“淬灭和发光”。与游离的$[Ru(DPP)_3]^{2+}Cl_2$相比，研究人员设计的稀土纳米传感器在缺氧区检测氧气的灵敏度更高，使用 NIR 激光激发的穿透深度更深，因为吸收和发射波长分别在 NIR 和更远的红外区域。

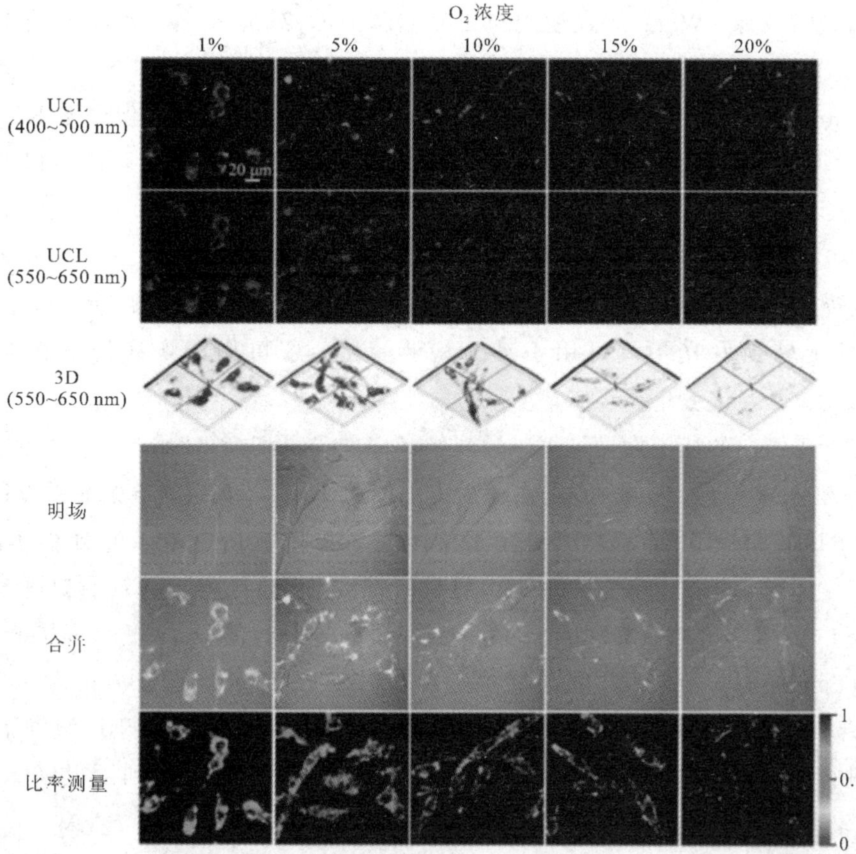

图 4-2 在 980 nm 激光照射、体外不同氧环境下的稀土复合物绿色上转换发光、红色上转换发光、合并和比率测量的 CLSM 图像[293]

4.2　深层活体成像

如前所述，在生物窗口内存在某些 RENP 的发光带，如 RENP：Er 的 1550 nm 下转换发光已被广泛用于具有最佳对比度和穿透深度的 NIR Ⅲ深层组织成像。研究人员利用现有的表面改性方法来实现特异性研究。Zhong 等人使用来自 α 相 RENP：$NaYbF_4$：2%Er，2%Ce，10%Zn@$NaYF_4$ 的明亮 1550 nm 下转换发光进行体内动态癌症免疫治疗[100]。之后，他们使用相同的发射波段对体内的血管系统进行成像[294]。Kamimura 等人使用 PEG-b-poly(4-vinylbenzylphosphonate)修饰了 RENP 的表面[295]，1550 nm 下转换发光可用于对小鼠器官进行成像。Wang 等人使用与 4-硝基苯酚-Cy7(NPh)缀合的下转换发光稀土纳米粒子进行 GSH 体内比率成像(808 nm 和 980 nm 激发下的 1550 nm 下转换发光强度比)[296]。由 980 nm 激发产生的 1550 nm 下转换发光发射强度是不变的，但由于 RENP 供体和 NPh 受体之间的 FRET，808 nm 激发下的 1550 nm 下转换发光发射强度可以随着不同浓度的 GSH 被激活和改变。808 nm 激发的 NIR Ⅲ变化发射强度与 980 nm 激发的稳定发射强度之间的辐照比被用来检测皮下肿瘤和原位结肠肿瘤。Zhang 使用 1530 nm 激发产生的1180 nm上转换发光结合 H_2O_2 响应有机探针设计了微针贴片传感器。此外，Fe^{2+} 在 Fenton 催化下的上转换发光不仅可用于动态检测炎症，还可用于疾病的诊断与实时监测[297]。

此外，没有荧光漂白的稀土发光可用作微观领域中的光可切换(使用不同波长的激光)发光探针以实现超分辨率[298, 299]。研究人员还提出了使用 RENP 的超分辨率显微方法，如受激发射损耗(STED)。超分辨率方法清除了传统光学显微镜衍射带来的分辨率障碍。STED 为生命科学研究提供了一种强大的亚衍射成像方法，但传统的 STED 需要高光强度才能损耗。Zhan 等人提出将 RENP 作为多光子荧光 STED 试剂，分辨率能够达到 82 nm[300]。Liu 等人使用基于 RENP 的下转换发光 NIR 诱导 STED，激发波长为 808 nm，损耗波长为 1064 nm，发光波长为 850～900 nm。如图 4-3 所示，在 NIR 激发下使用 $NaGdF_4$：Nd 进行亚细胞结构的 STED 成像和深层组织超分辨率成像得到了很好的证明。其中，图 4-3(a)表明，当损耗 1064 nm 激光功率增加(从 0 MW/cm^2 到 7 MW/cm^2)时，平面分辨率有明显的提高，在这里，对于 STED，CW 808 nm 的原始激发保持不变。图 4-3(b)～(h)分别展示了 $NaGdF_4$：Nd 纳米探针获得的共聚焦/超分辨率图像和对应虚线部分的归一化强度分布，表明使用 808 nm 激发和 1064 nm 损耗的成像分辨率比仅使用 808 nm

激发的普通成像的提高得更多。该 STED 策略介绍了单粒子成像、细胞成像和体内小鼠脑成像的增强，获得的空间分辨率约为 70 nm，穿透深度为 50 μm(如图 4-3(i)、(j)所示)，饱和强度为19 kW/cm^2。

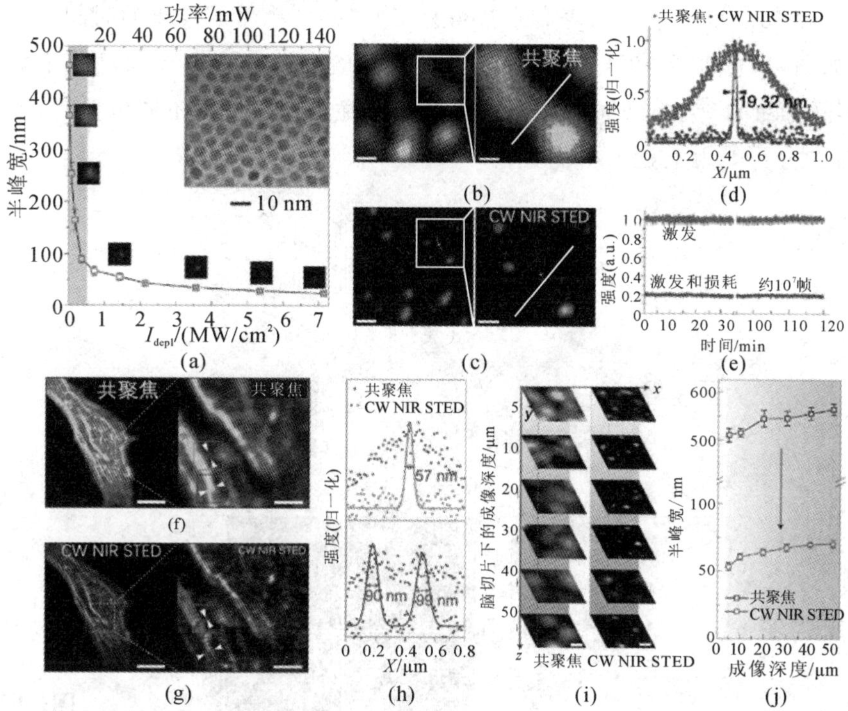

图 4-3 在 NIR 激发下使用 $NaGdF_4$：Nd 的亚细胞结构的 STED 成像和深层组织超分辨率成像[301]

(a) 平面分辨率与损耗 1064 nm 激光功率的关系；(b) $NaGdF_4$：Nd 纳米探针的共聚焦图像；
(c) $NaGdF_4$：Nd 纳米探针的超分辨率图像；(d) 对应(b)和(c)虚线部分的归一化强度分布；
(e) 在单独的 808 nm 激发，以及 808 nm 激发和 1064 nm 损耗下随时间变化的 NIR 发光强度；
(f) 用纳米探针染色的 HeLa 宫颈癌细胞的共聚焦图像；
(g) 用纳米探针染色的 HeLa 宫颈癌细胞的超分辨率图像；(h) 对应(f)和(g)虚线部分的归一化强度分布；
(i) 不同深度的小鼠大脑中和对照组的 STED 成像；(j) 对应(i)的成像深度

另外，荧光寿命显微镜(FLIM)成像是一种与任何浓度变化效应无关的显微成像方法[302-307]。Jin 课题组提出了使用二氧化硅封装的 RENP：Eu 进行时间门控发光成像，它可以被紫外光激发发射可见光，用于检测环境病原体[182]。这种使用具有微秒寿命的稀土发光时间门控生物成像具有成像不受自发荧光背景干扰的优势。研究人员已在可见光区域使用更长波长的激发来获得来自 Eu、Tb 共掺杂剂的多色发光，以实现更高的信噪比[183，308-310]。

荧光寿命受介质中溶质的影响，与局部折射率成反比，因此，我们可以使用荧光寿命来检测细胞周期进程[311]。在另一项研究中，研究者使用荧光寿命成像来监测核细胞器中的实时蛋白质凝聚[312]。Li 等人测试了在 980 nm 激发下 800 nm 发射的 NIR 的荧光寿命，并使用得到的从 78 μs 到 2157 μs 的一系列寿命来获得具有 6.1%的高量子产率的时间分辨体内上转换成像[313]。如图 4-4 所示，时间分辨上转换发光强度和荧光寿命成像可用于增强成像分辨率。当将不同寿命的 PAA 修饰的核壳结构 RENP 注射到小鼠的不同位置时，FLIM 成像在成像分辨率和分辨能力上显示出优势。

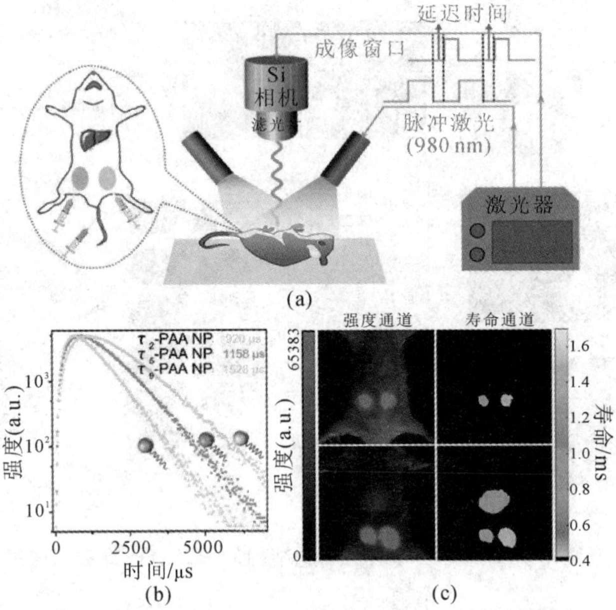

图 4-4　时间分辨上转换发光强度和荧光寿命成像

(a) 体内上转换发光寿命检测的示意图；(b) PAA 修饰核壳 RENP 的上转换发光强度衰减曲线；(c) 使用具有独立寿命值的核壳 RENP 的上转换发光强度(左上和左下)和寿命(右上和右下)成像[313]

NIR 发光寿命成像也已用于体内成像。Fan 等人使用 β 相的 NIR Ⅱ稀土纳米粒子 $NaGdF_4$@$NaGdF_4$：Yb，Er@$NaYF_4$：Yb@$NaNdF_4$：Yb 进行体内定量成像[34]。他们应用这种时间复用技术来识别体内肿瘤亚型和实现体外免疫组织化学染色，并采用三个数量级的可调近红外寿命成像来克服不均匀的信号衰减，并将穿透深度提高到 8 mm，信噪比为 1.5。

4.3　多光谱和多模态成像

RENP 还提供了将发光成像与其他成像方式相结合的机会[314]。这些使用 RENP 的成像方法可以提供增强的环成像信噪比、光稳定性、光开关等[315]。图 4－5 列出了重要的生物成像技术，包括正电子发射断层扫描(PET)、磁共振成像(MRI)、计算机断层扫描(CT)、高穿透超声(US)、STED、FLIM、光激活定位显微镜(PALM)和随机光学重建显微镜(STORM)，重点介绍了这些生物成像技术的空间和时间分辨率比较。此外，还有一些介观光学成像方法，如光学相干断层扫描(OCT)、光声成像和切伦科夫辐射成像。Liu 等人[316]设计了具有 X 射线 CT 成像和上转换发光成像的 Yb_2O_3：Er-PEG，这种稀土纳米粒子比商业使用的 Iobitridol 具有更高的稳定性和更长的循环时间，优异的相容性和双重成像特性使 Yb_2O_3：Er-PEG 具有较高的 CT 穿透性和较高的荧光分辨率，并具有作为生物显像剂的潜在应用价值。Ren[243]提出了具有 MRI 和 X 射线 CT 成像能力的 Nd 簇，可以提供互补的解剖结构成像。$NaYF_4$：5％Nd@$NaGdF_4$ 的 NIR Ⅱ成像可用于显示皮下乳腺肿瘤从发生到生长到最终坏死的肿瘤进展。

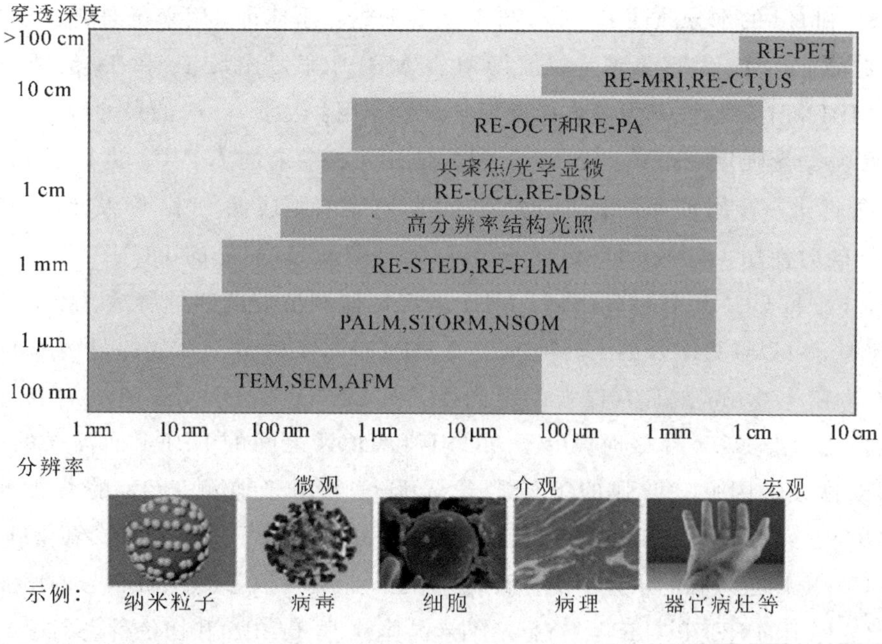

图 4－5　各种生物成像技术的空间和时间分辨率比较(稀土辅助成像以灰色突出显示)

多光谱成像可用于动态观察疾病。过去，临床研究人员发现涉及多个探针的成像方法可以改善癌症诊断状况并提供新的动态术中导航方式[317]。稀土纳米粒子的发光在多光谱成像中应用广泛。Naczynski 提出了在 $NaYF_4$：Yb、X@$NaYF_4$(X=Er、Ho、Tm 或 Pr)中使用不同掺杂剂进行动态近红外成像，以提供 1000 nm 至 1700 nm 之间的发光波段，实现实时疾病诊断[318]。Liu 等人使用来自 RENP：Er 的绿色和红色上转换发光的强度比来确定组织深度[319]。在这项工作中，研究人员提出了一种基于 UCNP 多光谱的简单算法来检测组织深度。由于不同光线的穿透力不同，可以利用模拟液体计算并记录穿透规律，因此可以用绿光和红光的强度比来指示深度。Ai 等人使用染料功能化的 UCNP 实现了多光谱光声成像以跟踪“氧化和亚硝化应激”[320]。Svenmarker 等人使用了来自 Er 掺杂核壳结构稀土纳米粒子的绿色和红色上转换发光波段来提高光学相干断层扫描的图像可检测性[321]。Long 和 Intes 使用 RENP 的发光带对牙齿进行可行的多光谱成像[322]。研究人员使用了具有不同发光波长的 RENP，这些 RENP 已与不同的靶向抗体、亲和体或肽相结合，以增强对疾病和病毒的阳性诊断[323]。除了用于动态观察疾病，这些多光谱方法还可用于提高诊断治疗效率[63]。

研究人员通过调整功能材料的结构和性能，实现了多模态成像。有研究者合成了掺有 Eu、Er、Yb 和 Gd 的水分散性 RENP，并对其表面进行了修饰，用来靶向癌细胞[324]。掺杂元素产生的发光可用于共聚焦细胞成像，Gd 在 MRI 中显示出强 T_1 和 T_2 信号，其晶体尺寸在调节 MRI 和上转换发光强度方面发挥了重要作用：大于 4 nm 的尺寸降低了 MRI，但增强了上转换发光强度。同样，Grunert 等人使用 Eu 掺杂的 $GdVO_4$ 进行了光学成像和 MRI[325]，能够进一步用于人类干细胞和 A549 肺腺癌细胞成像。Liu 等人使用通过在 NIR 激光照射下同时使用 UCNP@$dSiO_2$@$mSiO_2$ 上转换发光(此处的 UCNP 为 $NaYF_4$：Yb，Tm@$NaGdF_4$)和 UCNP 中的 Gd 进行 MRI 来定量监测抗癌药物的释放[326]。当纳米平台装载 DOX 时，可以通过增强的上转换发光和 MRI 信号实时监测释放的药物浓度，原因如下：① DOX 在 470 nm 左右有很强的吸光度，而 UCNP 在 450 nm 和 477 nm 处能够产生上转换发光。当 DOX 释放时，由于 UCNP 和 DOX 之间的 FRET 而淬灭的可见上转换发光可以恢复。因此，增强的上转换发光强度可用于监测 DOX 的释放量。② 当 DOX 从 UCNP@$dSiO_2$@$mSiO_2$ 中释放出来时，更多的水分子进入介孔二氧化硅的中孔和空腔。Gd-UCNP 附近增强的水分子使弛豫效应增强，最终可以导致 MRI 信号的增强。Paik 等人合成了 ^{90}Y 标记的 RENP(GdF_3：^{90}Y@Y 纳米晶体)，用于 MRI 和切伦科夫(Cerenkov)放射发光成像[327]。我们还合成并使用了 TiO_2 涂层的 Tm 掺杂 RENP，用于牙齿的多模态成像[328]。其中，来自 Tm 的 800 nm 上转换发光用于宽场成像，而 TiO_2 通过光学相干断层扫描成像能够清晰识别牙科黏合剂。Li 提出了用 $NaGdF_4$：Yb，Er，Tm 的 ^{18}F 标记稀土复合物，以在小动物中获得 T_1 增强的 MR 和 PET。Lv、Zhou、Xu 等人提出了一系列上转换 RENP 以及其他无机纳米晶体和有机分子修饰基团，用于 MR/UCL 成像[329-331]。Dash 等人提出了具有强 MRI 效果的前列腺特异性膜抗原(PSMA)抗体修饰的 $NaDyF_4$@$NaGdF_4$ 核壳结构纳米晶体，用于人前列腺癌的靶向诊断[332]。Zhu 等人展示了一种简便的金属选择方法，利用稀土/卟啉复合物调节激发态能量耗散，最终的复合物显示出很强的光声成像效果以及光热和光动力治疗能力[333]。布法罗大学的团队展示了通过荧光、上转换、正电子发射断层扫描、计算机断层扫描、切伦科夫发光和光声断层扫描的六峰成像，使用了卟啉-磷脂涂层的上转换纳米粒子($NaYbF_4$：Tm@$NaGdF_4$)，以获得一种新的生物相容性材料[174, 334]。此外，我国的一些团队已经使用具有更高红光发射的 Eu 来取代占主导地位但容易被人体组织吸收的紫外/可见蓝光 Cerenkov 成像[335]。在这项研究中，多模态成像结合了 Cerenkov 成像和发光成像，通过多模态成像可以增强光强度和信噪比，然后在两种不同的电磁辐射下诱导体内响应成像。同样，Zhang 等人提出了具有增强发光亮度、Cerenkov 成像和 PET 成像的方形超小 Eu_2O_3 纳米粒子[336]。简单的体内成像是通过低剂量探针对皮下肿瘤瘤内注射进行的，当探针对肿瘤的体内靶向作用增强时，可通过静脉注射探针进行全身循环至病灶处，同时进行原位肿瘤和转移肿瘤成像。

4.4 功能传感

随着纳米化学和纳米技术在临床领域的发展，发光传感已被广泛研究用于检测生物离子、pH 值、温度、缺氧等生物相关参数[337, 338]。有机复合物、聚合物、金属配合物、纳米粒子和金属有机框架等，已被用于发光传感，具有灵敏度高、成本低和易于携带的优点。

一种传感方式是利用涉及 FRET 的 RENP 和广泛使用的比率策略来感知上述参数。Crawford 建议使用稀土敏化剂来探索新的 NIR 发射传感器和便携式光谱检测器[74]。Gu 等人展示了基于 RENP 和 AuNP 的 FRET 传感器，YVO_4：Eu 和 $LaPO_4$：Ce，Tb 的稀土配合物作为供体[339]，AuNP 作为受体，其表面等离子共振(SPR)波长峰值在 535 nm，与供体发射带非常匹配，FRET 导致 100%淬灭。Peng 等人[340]设计了一种基于 UCNP-发色团纳米探针(UCNP：$NaYF_4$：Yb，Tm@$NaYF_4$)的锌离子检测传感器，可在体外和体内实现高效的离子检测。这种锌响应成像的原因是设计的化合物与 UCNP 结合，并通过 FRET

使 UCNP 到有机发色团的 475 nm 上转换发光淬灭。在锌离子存在的情况下，由于分子内电荷转移，该化合物与锌离子配位，导致从 475 nm 到 360 nm 的发光蓝移，因此，淬灭的上转换蓝光恢复。

红外光谱中稀土发光的寿命也可用于具有更高穿透深度的传感。众所周知，由于组织的吸收和散射，发光信号可能会降低，而使用时域和频域两种测量方法的寿命可以显示出稳定的值，也与纳米粒子的浓度无关。Zhao 等人设计了基于 RENP 下转换发光并结合 MY-1057 染料的 NIR 发光寿命传感[341]。当结合的 RENP-MY 存在于过氧亚硝酸离子的肿瘤环境中时，能量受体 MY-1057 会降解，NIR 寿命恢复(从 203μs 到 298μs)。因此，过氧亚硝酸离子响应寿命延长特性可用于检测原位肝细胞癌，并且通过常规磁共振成像证明了其传感效果。

其他基于稀土复合物的传感策略已被提出用于生物传感和生物成像，特别是用于微环境检测，如温度、pH 值、缺氧和巨噬细胞相关因子。此外，RENP 还被用于癌症生物标志物的多重定位，以反映作为疾病特征的抗原的表达水平[342]。对于比率纳米测温法，已知 RENP 的某些发射带是温度敏感的，其机制包括热耦合和声子辅助能量转移[343, 344]。由此产生的温度敏感发射允许具有高空间分辨率的远程纳米测温。Brites 等人使用上转换发光检测流体中的温度。图 4－6 为 $NaYF_4$：Yb，Er@$NaYF_4$ 纳米流体的实验装置和上转换发光测量示意图。其中，图 4－6(a)为实验装置示意图，准直透镜通过沿 x 方向移动 980 nm 激光收集在不同位置产生的上转换发射，并通过光纤将信号引导到检测器，插图显示的是由位于纳米流体冷区域(T_1)和热区域(T_2)之间的纳米粒子的布朗运动引起的溶剂混合效应；图 4－6(b)为在 300 K 和 330 K 温度下 $NaYF_4$：Yb，Er@$NaYF_4$ 纳米流体的发射光谱(φ=0.0068%，对光谱进行了归一化处理)，表明在 Er 基 RENP 中，上转换发光发射带在 540 nm($^2H_{11/2}\rightarrow{}^4I_{15/2}$)和 650 nm($^4S_{3/2}\rightarrow{}^4I_{15/2}$)的比率可以通过光纤记录下来，并用于指示温度，当温度从 300 K 增加到 330 K 时，红色光发射减少而绿色光发射增加，插图显示的是 Er 的亮绿色光发射照片；图 4－6(c)展示了 I_H 和 I_S 积分区域的温度依赖性；图 4－6(d)给出了能量转移机制，展示了在 980 nm 激发下 $NaYF_4$：Yb，Er@$NaYF_4$ 纳米粒子中占主导地位的上转换过程，点划线、虚线、波浪形和实线箭头分别代表光子激发、能量转移、多声子弛豫和发射过程[345]。Pinol 等人提出了磁感应加热以及光学读出纳米温度计，并且比率温度探针可以发射两种基于 Eu，Tb 复合物的发光[346]。该温度传感装置具有低热效应和低电阻、高温度敏感性、稳定的生理工作温度范围、高读数再现性和快速的时间响应等优点。

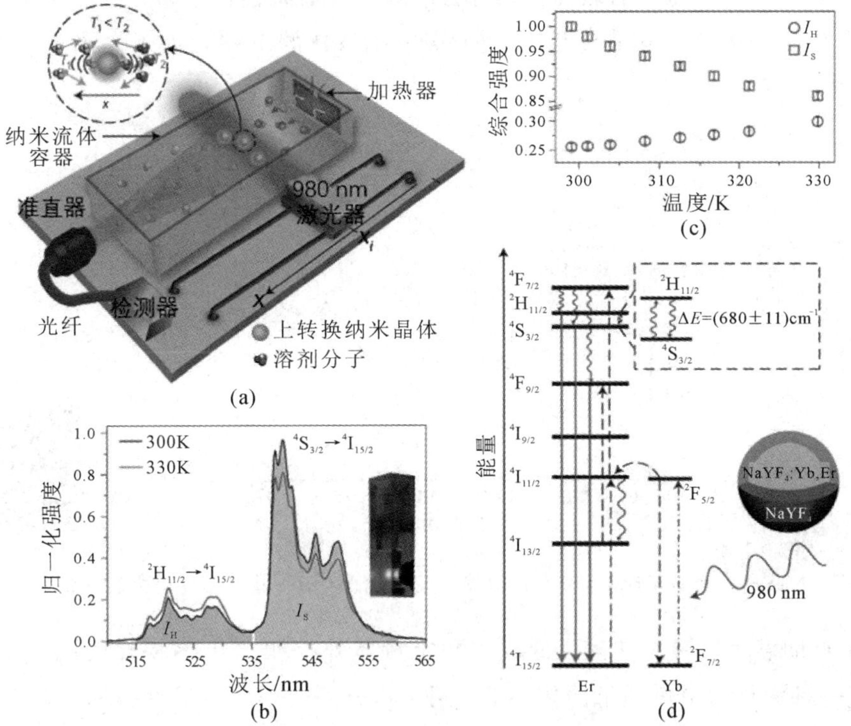

图 4-6　$NaYF_4$：Yb，Er@$NaYF_4$ 纳米流体的实验装置和上转换发光测量示意图[345]

(a) 实验装置示意图；

(b) 在 300 K 和 330 K 温度下经归一化处理后的 $NaYF_4$：Yb，Er@$NaYF_4$ 纳米流体的发射光谱；

(c) I_H 和 I_S 积分区域的温度依赖性；(d) 能量转移机制

具有高空间分辨率的潜在远程测温对生物学特别有吸引力，因为某些细胞过程在很大程度上取决于环境的温度。温度检测在 PTT 中至关重要，可以避免温度异常对正常器官造成不必要的伤害。PTT 过程的远程监控可以使用比率纳米测温法来实现[347]。温度敏感 NIR 发射带已被用于生物光学透明窗口内的比率纳米测温[348-351]。研究人员使用共掺杂的 Er、Tm 纳米粒子进行的温度敏感 NIR 发射的一个例子如图 4-7 所示。由图可知，1490 nm 处的发光随着温度的升高而增强，而 1530 nm 处的发光保持不变。1490 nm 和 1530 nm 的发光强度比可用于温度检测，值得注意的是，吸水带和其他因素会影响这种比率技术的准确性[352-354]。Qiu 等人设计构建在 810 nm 处具有双发射寿命值的稀土-量子点复合物，使用时域测量对温度敏感发射带进行解码[355]。在相同的 865 nm 激光激发下，Nd 敏化的 Tm-UCNP 具有较长的寿命，而 PbS 量子点具有较短的寿命。这两个寿命特性可以被记录下来并用于监测温度。Tan 等人使用由 800 nm 激发获得的多壳 RENP 的下移发射寿命来进行精确的 NIR 纳米温度测量[356]。

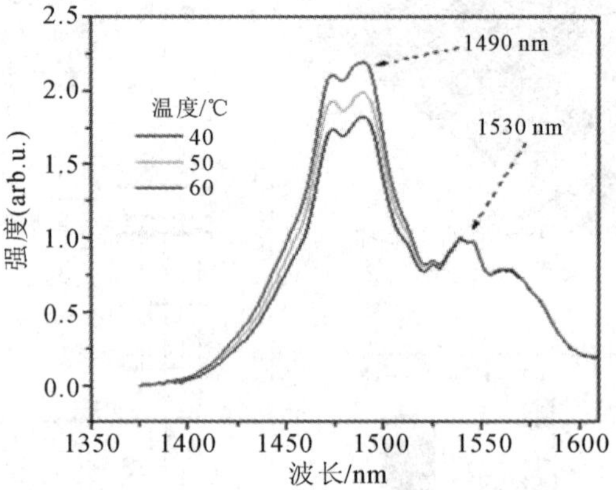

图 4-7　$NaYF_4$：Tm，Er 纳米粒子的温度敏感光谱图(NIR Ⅱ区域发射强度比值)

最后，用于早期癌症诊断的快速、低成本和定量体外检测的传感装置也被设计出来。He 等人设计了一种简单而灵敏的纸质传感器，用于双分子前列腺特异性抗原（PSA）和肝配蛋白 A 型受体 2（EphA2）检测[357]。Tm 和 Er 离子两种颜色的上转换发光分别与两种分子 PSA 和 EphA2 抗原连接，可用于超灵敏检测，检测限(LOD)分别为 400 pg/mL 和 89 pg/mL。在这项工作中，他们使用了简单的 LED 激发、简化激发和记录光学器件来实现传感检测。Zhou 等人将 Eu 掺杂的 RENP 用于肿瘤标志物癌胚抗原(CEA)的发光生物测定[358]。他们设计了具有较低检测限和较高发光强度检测区域的检测系统，通过放大 Eu_2O_3 探针的发光信号检测患者唾液样本中的 CEA 浓度。该工作具有两个优点：① Eu_2O_3 纳米晶可以转变为具有更高发光强度的 Eu 胶束，这对于提高灵敏度是有效的；② 使用带有硝酸纤维素膜的一次性注射器过滤器作为生物测定平台，便于在 10 min 内完成检测过程。溶出增强发光生物测定策略与小型化检测装置的合理结合使 CEA 的检测限低至 1.47 pg/mL。用便携式紫外手电筒照射后，可目测到 CEA 光致发光强度变化超过 0.1 ng/mL，从而可以定性评估 CEA 水平。此外，利用多孔结构提高检测和传感灵敏度的纳米化学也被广泛研究，Wang 等人提出将自发光铕金属有机框架作为具有信号增强电化学发光传感效应的免疫测定的发射体探针，并设计了一个在外层修饰的小尺寸系统，影响了电化学发光效率[359]。

第五章　稀土发光用于光治疗

5.1　上转换光疗

基于 RENP 上转换发光的光响应刺激，包括光热疗法（PTT）和光动力疗法（PDT）在内的特性已被广泛证明，光疗效率已在细胞、体外、离体和体内得到证实[347, 360-362]。2003 年，研究人员提出了一种基于纳米粒子的传统的药物载体，即负载疏水性光敏剂，在光照射下产生单线态氧。目前已经采取了几种方法来表征 PDT 效应，例如：产生胶束腔的纳米化学策略、确认单线态氧生成的光谱检测、药物装载/释放特性以及 PDT 作用的体外测定[363]。传统的 PDT 具有严重的局限性，即可见光的穿透深度不足以激活目前在深部肿瘤中使用的光敏剂，光敏剂对氧的依赖也会导致治疗效率的不足。Idris 提出了使用上转换纳米粒子作为远程控制体内 PDT 的纳米传感器，其中光敏剂 MC540 和 ZnPc 可以通过来自 UCNP 的上转换发光更有效地被激活，因此，体内抗癌作用在 980 nm 激光的作用下得以证明[364]。

除了光活性疗法和 PDT，具有蓝/绿色上转换发光发射的 RE 发光粉还可将能量转移到氧化锰作为 PTT 的材料[365, 366]。将多种有机或无机的 PTT 材料（如硫化铜、二氧化锰、多吡咯、聚多巴胺和碳）与上转换发光 RE 纳米材料结合并在近红外激光下进行照射，可以得出以下结论：

（1）UCNP-PTT 化合物的 PTT 效应主要来自近红外吸收（NP 从环境中吸收能量，如附近的水），部分来自在 NIR 激光激发下通过上转换能量转移的上转换发光。

（2）可见光的上转换发射主要被包覆的 PTT 剂的近红外吸收淬灭，部分被可见光吸收淬灭，表明近红外激发在 PPT 产生光热效果中可能比在上转换发光发射过程中发挥更重要的作用。

（3）化合物的生物稳定性受合成反应温度的影响很大，合成温度越高，该化合物越稳定[367]。

在五种无机/有机纳米复合材料中，UCNP@MnO_2 对肿瘤细胞微酸环境的刺激具有一定的反应能力，并且具有足够高的生物稳定性，因而成为最适合癌症诊断和治疗的候选材料。这种复合材料通过 MnO_2 涂层的发光淬灭，为光热治疗肿瘤细胞提供热量，然后随着 MnO_2 被还原为可溶的无色 Mn^{2+} 离子，可见光发射逐渐恢复，并溶解其壳层，从而在治疗后照亮癌细胞[367]。

通过使用多种策略，可以进一步提高疾病部位的光疗效率，从而减少疾病部位对附近正常组织和细胞的副作用。正如绪论中所讨论的，这些策略包括高度特异性的肿瘤靶向、对肿瘤微环境的刺激反应以及对肿瘤中高表达蛋白的增强识别。Ai 等人提出了一种微环境敏感策略，通过将特定的响应酶与 UCNP 连接起来，刺激并触发光疗剂在肿瘤中的积累[368]。黑磷复合稀土配合物在 980 nm 激光下的光热转换效率可达 30.84%，显著高于包括金纳米星(22.63%)和金纳米棒(23.33%)在内的常规金纳米粒子的光热转换效率[369]。除此之外，其他光热剂如 $MnFe_2O_4$ 和碳复合材料被提议与 UCNP 结合用于成像引导 PTT[370, 371]。

在一系列癌症治疗的工作中，研究人员使用无机稀土半导体复合物在近红外激光照射下实现上转换发光诱导的 PDT。含有 Tm 的稀土上转换纳米粒子可产生紫外光和蓝光上转换发光的发射，可将其与二氧化钛（TiO_2）半导体结合，利用光能激发 TiO_2 产生 ROS[221, 372]。此外，目前热门的二维材料（如黑磷、碳化钛和碳化氮）与上转换发光材料结合，可以获得增强的 PDT 效果[373, 374]。Di 等人提出了构建“具有紫外光活性官能团”的光敏剂与 UCNP 相结合的纳米器件，其中具有更高穿透力的 NIR 激光束使光敏剂的操作具有增强的目标检测效果[375]。DNA 纳米装置的正交光激活行为是分别响应 980 nm 和 808 nm 激光实现的，首先是正交上转换发光识别肿瘤，然后是激活光敏剂进行光动力治疗。在我们之前的工作中，在设计了可降解的 RE 复合物后，使用溶血、流式细胞术、细胞内共吞噬作用(细胞质荧光)和 DAPI(细胞核荧光)的生物相容性分析，以及生物 TEM 图像，可以评估它们作为药物载体的潜在临床用途的相容性。图 5－1(a)展示了分别使用溶血、流式细胞术、RE 材料的共吞噬作用 DOX(细胞质荧光)和 DAPI(细胞核荧光)，以及生物 TEM 图像对 RE 复合物的生物相容性进行分析的相关结果，图 5－1(b)则给出了 RE 复合物载药后的肿瘤毒性分析，包括 MTT 分析、CCK-8 分析和钙黄绿素/碘化丙啶(AM/PI)分析[376]。当体内注射 RE 复合物时，它们会在肿瘤病灶处聚集，然后从 RENP 聚合物(PEG-PLGA)结构中释放出携带的药物。最终的超小 RENP 可以与可降解的 PEG-PLGA 一起排出。

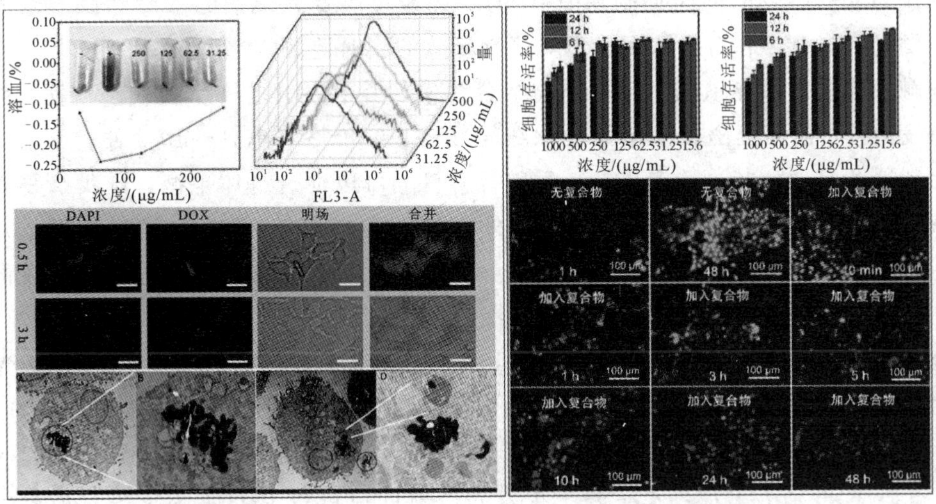

(a)　　　　　　　　　　　　　　　　(b)

图 5-1　RE 复合物的生物相容性分析及其载药后的肿瘤毒性分析[376]

(a) RE 复合物的生物相容性分析；(b) RE 复合物载药后的肿瘤毒性分析

5.2　外触发疗法

研究人员已经对外触发疗法这种新兴的综合抗肿瘤诊断和治疗方法进行了多项研究，除了常规应用的手术/放疗/化疗，最初如 PDT 和 PTT 可作为靶向和精确治疗[377]，再如使用 X 射线、光、声波、无线电和磁等外源性刺激可增强靶向性的积极响应策略[378-380]。法国纳米生物技术公司 Nanobiotix 介绍了使用氧化铪纳米粒子(NBTXR3)作为放射增敏剂的 X 射线诱导 PDT(X-PDT)，他们对需要术前放疗的局部晚期头颈癌患者进行了广泛的多中心、2-3 期、随机、对照试验。患者的临床结果显示，NBTXR3＋放疗组患者的病理完全缓解，疗效高于单独放疗组，而 NBTXR3＋放疗组和单独放疗组之间的不良反应并没有显著差异。因此得出结论：氧化铪纳米粒子(NBTXR3)是头颈癌和一些其他癌症的 X-PDT 的有希望的放射增敏剂。Chen 的团队展示了使用装载 MC540 作为光敏剂的 $SrAl_2O_4$：Eu 的 X-PDT。

由于肿瘤特异性组织蛋白酶反应，肽的裂解在一个 UCNP 中暴露的半胱氨酸和相邻 UCNP 上的 2-氰基苯并噻唑之间引入了共价交联，导致这些试剂在肿瘤部位积累。Shao 等人证明了金属-RE-卟啉成分的金属有机框架(MOF)在近红外光下与免疫疗法协同 PDT，使用替拉扎明作为缺氧触发的前药抑制缺氧肿瘤[381]。通过改变光敏剂的浓度和调节发光强度可以实现发光和光刺激治疗，从而实现对药物释放的实时监测。

另一种外触发疗法以氧化铁与 RE 复合物结合为例，由于磁引入热疗法或磁疗法，可以进行外部触发治疗。钕稀土磁铁是坚固的永久生物磁铁，价格实惠且使用简便，可用于缓解磁场不足和一些其他症状。磁疗法是一种整体疗法，可以促进身体平衡、自我修复并实现整体健康。需要注意的是，虽然磁疗法采用外部触发治疗策略，但当磁粒子与稀土发光粒子复合后，会大大减弱稀土粒子的发光强度。最近，有人采用磁粒子进行磁粒子成像(MPI)，可引导进行磁热治疗。

一些研究人员还设计了智能纳米设备，例如 Idris 等人(张勇课题组)报道了一种用于光传输的无线植入式 PDT 设备，该设备通过增加 3 cm 的组织厚度来增强 Ce6 光敏剂的 PDT 效果，并且可以明显抑制肿瘤[364]。Hu 等人(张勇课题组)[382]采用了一种微创、无创的肿瘤治疗方法，通过 NIR 可充电电池，无需进一步激光照射即可进行 PDT，这一功能是通过 NIR 激光的上转换发光实现的，然后转移到绿色持久性发射材料，依次使光敏剂敏化以产生 ROS，如图 5－2 所示。其中，GPM 表示绿色持久性发射材料；PSs 表示光敏剂；TB 表示捕获带；VB 表示价带。这项工作进一步为临床使用的智能刺激响应纳米技术带来了希望。

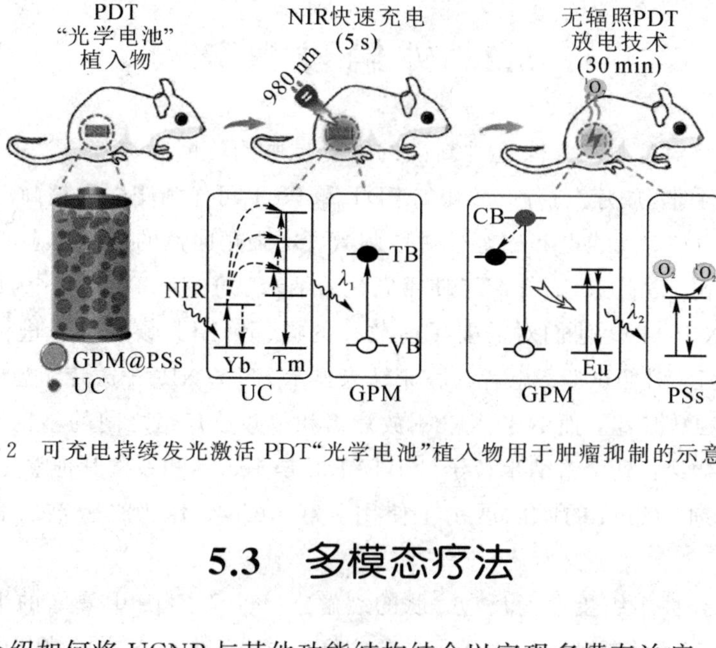

图 5－2 可充电持续发光激活 PDT“光学电池”植入物用于肿瘤抑制的示意图[382]

5.3 多模态疗法

本节主要介绍如何将 UCNP 与其他功能结构结合以实现多模态治疗。例如，核壳结构的 UCNP 与强吸收性非辐射染料偶联，可用于光热治疗和光动力治疗[383]。这种联合疗法通过 UCNP 辅助激活光敏剂产生单线态氧物质(PDT)，以及激光诱导产生高温(PTT)，从而对细胞产生强毒性，达到协同增强癌症消融的功效。此外，研究人员还提出了 RE 半导体($BiNS@NaLnF_4$)在可见光照射下产生 PTT 和 PDT[384]。这种异质结提高了电子和空穴对有效 PDT 的利用，其生成过程如下：当 BiNS 与 $NaLnF_4$ 接触时，BiNS 中的自由电子会转移到 $NaLnF_4$ 表面，形成交互界面，这是一个良好的自由基环境，这一过程将提高治疗效果，充分实现 X 射线诱导后电子和空穴的高效利用。

除了双模式 PDT 和 PTT，其他基于 RE 复合物的疗法是增强磁热疗(与 PTT 相比)、增强放射疗法和免疫疗法(与 PTT 相比)等。例如，可以通过引入 RENP 的磁性和添加 Gd 外壳来实现联合治疗，或者将 RENP 与氧化铁纳米粒子结合，将它们置于交变磁场中产生热疗[385]。Das 等人提出了一种用于增强发光和磁热疗的 Eu-$MnFe_2O_4$ 稀土磁性纳米粒子[386]。Ningombam 设计了一种使用 $Mn_{0.5}Fe_{2.5}O_4$ 的超顺磁性锰掺杂氧化铁和 YVO_4：Eu 的稀土磁性复合材料[387]，其中，加热速度和最高热疗温度可以由复合成分调整。Gaweda 设计了钬离子掺杂的氧化铁，使用曲妥珠单抗抗体进行靶向，用于特定 HER2 乳腺癌的磁热疗[388]。此外，^{166}Ho 放射性核素可用于代替正常的 Ho 离子，使得放射治疗成为可能。

有研究人员已经提出了基于稀土核素的稀土复合物辅助放疗和免疫放疗的联合治疗，如近距离放射治疗、外照射放射治疗和全身放射性同位素治疗[389]。稀土^{90}Y 与替伊莫单抗(Zevalin)联合治疗，对于 B 细胞非霍奇金淋巴瘤具有有效的治疗效果，这种 Y-Zevalin 已获得 FDA 批准，但其具有可逆的骨髓抑制毒性。CD20 表达于除浆细胞(分泌免疫球蛋白的 B 细胞)外的发育分化各阶段的 B 细胞的表面，通过调节跨膜钙离子流动直接对 B 细胞起作用，在 B 细胞增殖和分化中起重要的调节作用。当用 CD20 ＋抗体进行放射性标记时，^{90}Y-Zevalin 可以产生比传统利妥昔单抗更高的总体反应率[390]。Tagawa 使用 ^{177}Lu 标记的试剂靶向前列腺特异性膜抗原进行放射免疫治疗。与 ^{90}Y 相比，^{177}Lu 对骨髓的辐射剂量更低，并且其物理半衰期更长，可以给予更长的肿瘤停留时间[391]。当^{177}Lu 与 J591 抗体(靶向前列腺特异性膜抗原)偶联时，放射免疫疗法可以在转移性癌症中以可测量的反应率实现。

此外，一些稀土复合物可用作光活性 ROS 捕获剂，用于抑制血管内皮肿瘤细胞的增殖。作为研究最为广泛的稀土材料之一，CeO_2 已经在不同领域得到了很好的应用，具有优异的光催化活性[392]。Giri 提出，CeO_2 纳米粒子可用作治疗剂，以抑制由生长因子减少而引起的肿瘤迁移和增殖，而人脐静脉内皮细胞(HUVEC)中的基质金属肽酶 2(MMP2)和血管内皮生长因子受体 2(VEGFR2)含量可以降低[393]。此外，通过使用温度/pH 响应性聚合物进一步修饰稀土复合物，可以实现在肿瘤细胞中的靶向药物递送，使探针能够主动识别和聚焦癌细胞，从而减少对正常细胞和器官的损伤，并协同免疫疗法对癌细胞进行更高效杀伤[394,395]。Dai 等人设计了一种使用 CaF_2：Ce，Tb-PAA 控制释放抗癌药物的 pH 响应系统[396]。

另一与光照有关的多模式治疗新方法是 UCNP 与免疫调节相结合的光激活疗法，其中局部治疗会导致肿瘤相关抗原和一系列被称为损伤相关分子的信号的释放[397]，这些分子可增强身体的免疫力。因此，除了针对癌症治疗的靶向药物递送，研究人员还广泛提出了光辅助免疫疗法。图 5－3 显示了增强的明亮上转换红色发光可见光用于指导药物定位和光辅助免疫治疗(免疫激活的光动力刺激和免疫检查点抑制剂抗体的组合)[373, 398, 399]。图 5－3(a)展示了对荷瘤小鼠的体内治疗效果示意图，图 5－3(b)则给出了 RE-Au 复合物在 PDT 联合免疫治疗中的应用。我们使用了单克隆抗体抗 CTLA-4 作为一种免疫检查点阻断剂，可以促进免疫反应的激活并增强 PDT 的疗效，从而杀死癌细胞[400]。除了抗 CTLA-4，其他免疫检查点抑制剂抗体(抗 PD-L1、抗-PD-1 等)也已用于其他体系以增强肿瘤靶向性。此外，肽(RGD、TOP2A 抗体、CCNB2 抗体等)用于获得更好的肿瘤(肺腺癌、头颈部鳞状细胞癌等)靶向效果[92, 238, 401]。另一种重要的免疫辅助疗法基于肿瘤相关巨噬细胞(TAM)，促进肿瘤进展，且不受放疗和化疗影响。因此，研究人员使用载有 DOX 的基于 Bi 的上转换纳米粒子，通过复极化 TAM 刺激免疫原性肿瘤死亡，并在 X 射线放疗下转移至 M1 巨噬细胞，这里的 M1 巨噬细胞是可以产生促炎细胞因子的巨噬细胞，肿瘤明显消退并显示出更多的 CD8 阳性 T 细胞，这促进了 Bi-UCNP-DOX 的放疗联合化疗，从而抑制了肿瘤的转移[402]。

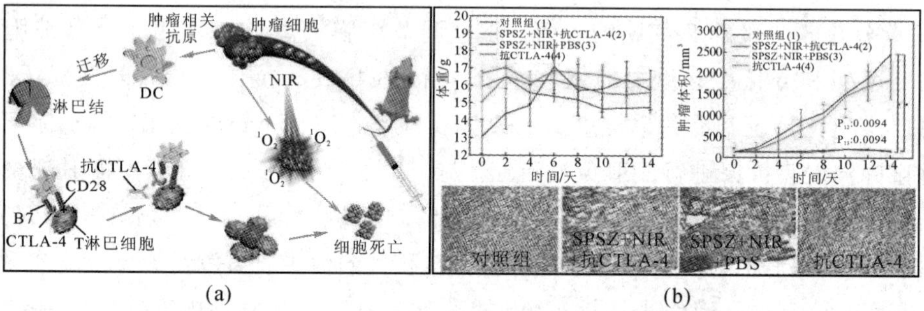

图 5－3　增强的明亮上转换红色发光可见光用于指导药物定位和光辅助免疫治疗[373, 398, 399]

(a) 对荷瘤小鼠的体内治疗效果示意图；(b) RE-Au 复合物在 PDT 联合免疫治疗中的应用

5.4　成像引导治疗和手术评估

基于 RENP 的成像引导治疗(PTT、PDT、光敏治疗和药物输送系统)已经得到了很好的发展。我们设计了一系列空心、核壳、蛋黄状介孔稀土配合物作为载药载体，并将这些载体应用于成像引导治疗[403]。近红外激光照射下的多模式成像引导治疗已被广泛研究[404]。众所周知，铂类药物如顺铂、卡铂和奥沙利铂以及常用的DOX作为化疗药物已广泛用于癌症的治疗。然而，由于耐药性、缺乏选择性和易被快速清除等产生的副作用，它们在进一步有效治疗癌症方面受到限制[405]。

RENP具有独特的优势，可用于成像引导治疗和手术评估。术前可对肿瘤体积进行MRI等多模态分子成像，观察肿瘤的位置和深度；术中导航可通过影像引导进行；术后可以利用存活的荧光信号确定阳性切缘。Ju等人使用了胺修饰的$KGdF_4$：Ln(Ln＝Eu、Tb、Dy)纳米粒子和FITC染料帽，它们对在肿瘤中高度表达的抗生物素蛋白敏感[406]。由于Gd离子的纵向弛豫性，这种纳米晶体具有强烈的T_1 MRI对比度，掺杂5％Eu、5％Tb、0.5％Dy的$KGdF_4$在紫外照射下可同时发射高下转换发光。当$KGdF_4$：Tb-FITC与癌症生物分子亲和素相遇时，可变发光(FRET导致$KGdF_4$：Tb-FITC的518 nm发光增强和488 nm发光减弱)也可用于动态传感和成像。在这种成像引导的肿瘤细胞检测的刺激下，我们使用超小型$NaGdF_4$：Yb，Er@$NdGdF_4$：Yb，Nd的MRI诊断原位肿瘤，并尝试使用NIR Ⅱ成像提供导航。最近有研究人员合成了Gd掺杂的超小稀土复合物($NaYF_4$：Nd@$NaGdF_4$)，用于对缺氧进行时间和空间上的调制[407]。通过增强水相中的顺磁性Mn离子产生的MRI来监测MnO_2壳中Mn的释放，而氧饱和度由光声成像监测，这些纳米粒子在颈部和头部癌症中显示出一定的应用前景。

RENP已广泛用于成像引导的术中导航，我们使用YOF：Yb，Er@YOF：Yb，Nd结合叶绿素进行上转换发光，并产生PDT和NIR Ⅱ成像，用于诊疗一体[268]。由于纳米粒子对肿瘤组织的穿透能力增强，该纳米粒子可以识别肺癌、癌旁组织和具有高NIR Ⅱ成像对比度的正常组织。Zeng提出了$NaErF_4$：Ce@$NaYbF_4$@$NaLuF_4$与808 nm激光激发NIR Ⅱ发光用于体内原位胶质瘤手术，显著改善的NIR Ⅱ发射超过1500 nm可以消除过热效应，并且可以清晰地可视化血管以进行成像引导手术。在最近的相关研究中，有研究者使用具有增强NIR Ⅱ发光的Er基$NaErF_4$：Ce@$NaYbF_4$@$NaLuF_4$用于小鼠原位胶质瘤手术[408]。靶向NIR Ⅱ成像使完整的颅骨和头皮清晰可见小的原位胶质瘤(尺寸<3 mm，深度>3 mm)，确保了肿瘤的精确切除。

近几十年来，多分子靶向成像的影像引导手术是一种趋势，多靶向成像比单靶向成像具有更高的精度。例如，结合抗体和抗体修饰的染料可以识别比单一抗体更强的特定癌细胞[409]。体内研究表明，HER2特异性细胞可以吸收几乎所有^{177}Lu标记且抗体介导的探针[410]。Fan等人设计了一系列具有不同寿命值的Er稀土络合物，并将其应用于乳腺癌的浸润性疾病诊断[34]。具有短、中、长寿命的 Er 络合物可以通过雌激素受体(ER)、孕激素受体(PR)和人表皮生长因子受体 2(HER2)识别不同亚型的乳腺癌，最终成像结果与标准免疫组织化学检测相关性很好，为不同抗体介导的乳腺癌提供了一种新的成像引导手术方法。基于多种生物标志物的多模态成像的在体可视化，可以提高不同癌症诊断和治疗的准确性，为早期筛查提供新的方法，例如 Chen 等人对 Barrett 食管癌的内窥镜多模成像使用不同的荧光染料靶向 EGFR 和酪氨酸激酶受体 2(ERBB2)分子以进行概念验证研究[411]。

第六章 稀土发光应用典型案例

6.1 神经光子学用于脑诊断治疗

脑诊断治疗学在世界应对布赖恩疾病和紊乱方面面临的重大挑战中发挥着至关重要的作用。阿尔茨海默病、精神分裂症、帕金森病、抑郁症、精神分裂症和慢性创伤性脑病等神经认知障碍是主要的医疗保健问题，尤其与不断增长的人口老龄化息息相关。脑震荡和慢性创伤性脑损伤(TBI)是临床脑损伤两个谱系的两端，需要新的成像和检测工具来获得关键参数，从而帮助具体和定量地定义各种认知障碍。

这里介绍一种涉及临床前和临床研究的综合方法，即利用纳米粒子的多种生物标志物识别、靶向纳米粒子，并对比增强多模态功能和结构成像、计算分析和人工智能。这种方法通过检测和分析相关脑磁场，对脑电波模式进行量化，可以提供有价值的见解。神经光子学是一个新兴领域，为解决脑部疾病和功能障碍提供了强大的干预和补救措施，它利用光进行基于神经元细胞的成像诊断以及光引导和激活治疗。图 6－1 总结了广泛用于脑诊断治疗的神经光子学。

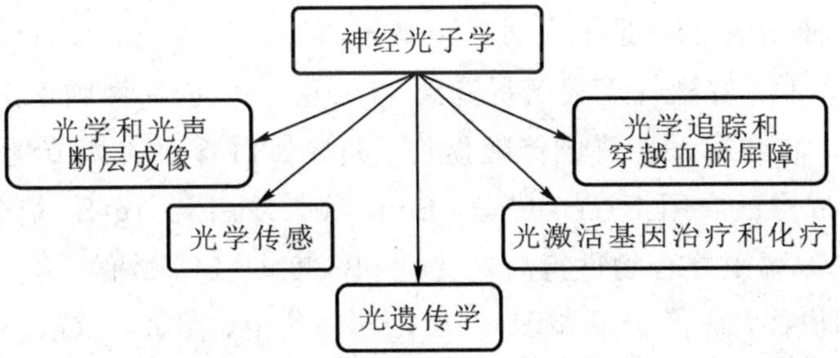

图 6－1 广泛用于脑诊断治疗的神经光子学

如前所述，RENP 的某些下转换发光波段存在于生物透明窗口中，这是成像的理想区域。Sordillo 等人[26]研究了吸收和散射，用以阐明用于组织诊断的几个光学窗口。与蓬勃发展的 NIR Ⅱ和 NIR Ⅲ区域相比，NIR Ⅳ过去没有得到太多的关注与开发，但研究结果表明，NIR Ⅳ窗口也具有足够多的优点[412]，例如 NIR Ⅱ和 NIR Ⅲ在脂质含量高的组织中具有特殊的成像优势，而 NIR Ⅳ区域对癌症和骨组织是有益的。

脑血管功能障碍的原位实时可视化对于研究包括缺血性中风和创伤性脑损伤(TBI)在内的脑损伤具有重要意义，因为脑损伤是一种可能导致脑功能不可逆丧失的严重疾病。对脑血管进行可视化可以揭示由脑损伤引起的生理和病理变化，对其进行研究具有重要意义，临床上使用的 X 射线、CT 和 MRI 无法以足够的空间分辨率实时监测这一过程。如前所述，具有光声成像特性的稀土探针可用于脑成像，RENP 的发射带对于 NIR Ⅱ和 NIR Ⅲ区域的脑成像也非常有吸引力。Feng 等人用 785 nm 光激发 $NaHoF_4$：Nd 纳米粒子，获得 1200 nm 发射，可用于小鼠大脑中的高对比度成像[413]。这些纳米粒子的顺磁特性还能够用于与 MRI 的双模成像。Shi 和 Wang 等人表明，NIR Ⅲ是深部脑成像的最佳区域[412, 414]。因此，来自 Er 掺杂的 RENP 的 1550 nm 下转换发光已被广泛用于近红外脑成像。例如，Xue 等人将具有 PAA 功能化的稀土纳米棒用于小鼠体内大脑的成像[415]。他们使用 Er 的 1520 nm 下转换发光实现了 43.65 μm 的空间分辨率，并且在成像中无需进行开颅操作。还有一些研究人员将来自 KSc_2F_7：Yb，Er 纳米粒子的下转换发光用于脑血管的高分辨率成像[416]。与 $NaYF_4$ 基质相比，KSc_2F_7：Yb，Er 的正交相提供了 1.7 倍的强度增强。Zhong 等人使用 Er 掺杂的 $NaYbF_4$：Er，Ce@$NaYF_4$ 的增强 1550 nm 下转换发光对小鼠大脑中的血管系统进行快速成像，曝光时间为 20 ms[294]。Li 等人使用了 $NaLuF_4$ 纳米棒的相同发射带，实现了具有高空间分辨率的成像引导的光热治疗[417]。最近，Ren 等人使用级联效应使多壳纳米粒子中的 Er 敏感，用于原位神经胶质瘤的成像引导手术[408]。用染料聚合物敏化这些纳米粒子，可以将其 1525 nm 下转换发光强度提高 675 倍，从而使肿瘤与背景比率高达 12.5。Song 等人使用 Ag_2Se 量子点对稀土纳米晶体进行敏化，设计了样品 QDs-LnNC，其亮度提高了约 100 倍，穿透深度显著提高到 11 mm[418]。创伤性脑损伤(TBI)可以由外部机械力或冲击引起，它会对血管造成伴随损伤，并导致血管血流调节受损，损害血脑屏障的完整性。NIR Ⅱ成像已应用于 TBI 成像，Song 等人使用与 Ag_2Se 结合的 $NaYbF_4$：Gd，Ce，Er@$NaYF_4$：Yb 稀土复合物进行高对比度和深度的 TBI 成像[418]。QDs-RE 复合物可以在 TBI 位置立即成像，成像结果如图 6-2 所示。其中，图 6-2(a)～(b)显示的是注射 QDs-RE 复合物到假手术组小鼠后，不同时间内的 NIR Ⅱ成像效果；图 6-2(c)～(g)显示的是注射 QDs-RE 复合物到 TBI 组小鼠后，不同时间内的 NIR Ⅱ成像效果；图 6-2(h)是平均 NIR Ⅱ成像信号的定量分析。与假手术组小鼠相比，未受伤小鼠(右侧大脑)的血液灌注速度($0.385\ s^{-1}$)比受伤小鼠(左侧大脑)的($0.157 s^{-1}$)快 2.5 倍，表明局灶性脑损伤可使同态反应减慢，与健康大脑有明显差异。因此，这种具有 NIR Ⅱ脑成像的侵入性镧系-量子点复合物可以给出有关血液灌注和流速的动态信息，并且可以可视化血脑屏障损伤。

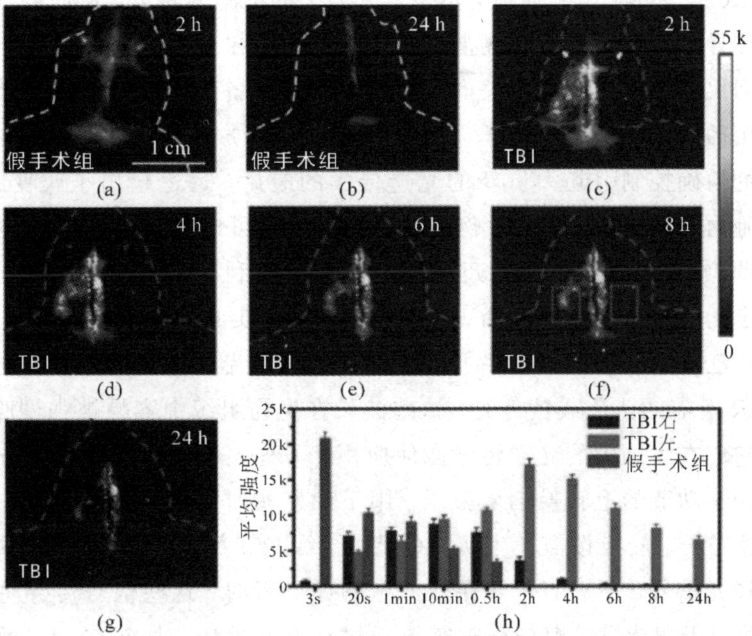

图 6－2　注射 QDs-RE 复合物后不同时间点假手术组小鼠和 TBI 组小鼠脑血管的 NIR Ⅱ成像及定量分析[418]

(a) 注射 2 h 后假手术组小鼠脑血管的 NIR Ⅱ成像；(b) 注射 24 h 后假手术组小鼠脑血管的 NIR Ⅱ成像；(c) 注射 2 h 后 TBI 组小鼠脑血管的 NIR Ⅱ成像；(d) 注射 4 h 后 TBI 组小鼠脑血管的 NIR Ⅱ成像；(e) 注射 6 h 后 TBI 组小鼠脑血管的 NIR Ⅱ成像；(f) 注射 8 h 后 TBI 组小鼠脑血管的 NIR Ⅱ成像；(g) 注射 24 h 后 TBI 组小鼠脑血管的 NIR Ⅱ成像；(h) 平均 NIR Ⅱ成像信号的定量分析

神经光子学的主要方向之一是光遗传学刺激和小胶质细胞激活以增强大脑功能。使用光遗传学方法刺激神经元可以为全面理解基于纳米粒子的神经元信号调制提供成熟的技术，并且可以在细胞水平上实现无线神经遗传控制和生物过程的操纵。从广义上讲，光遗传学是一种结合光学和遗传技术来实时控制单个细胞活动的调制方法，是通过将编码视蛋白的光敏蛋白基因插入细胞中来实现的，它能够以特定的方式对光产生反应。光遗传学的一个最广泛的应用是控制神经元的电兴奋性，神经元对膜电位的变化非常敏感，在这个应用中，光遗传学的关键试剂是 channelrhodopsin-2(CHR2)和 halorhodopsin(HR)，它们充当 6 光敏离子通道，可以触发或抑制神经元分别响应蓝色或黄色波长的光而放电。除了对不同波长具有敏感性，CHR2 和 HR 对神经元信号传导有相反的影响。CHR2 是一种非特异性阳离子通道，它在神经元内传导 Na^+、K^+ 和 Ca^{2+}，导致细胞去极化并引起神经冲动。与 CHR2 相比，HR 是一种阴离子通道，负责 Cl^- 离子的细胞内转运，从而导致细胞膜的超极化和神经信号传导的抑制。光触发视蛋白的构象变化，在亚秒级时间尺度上，即在神经元自然激发的时间尺度上改变生理相关的膜电位。由于具备高空间和时间分辨率，这种光遗传学的最初应用彻底改变了神经科学，允许在复杂的异质神经回路中探测单个神经元。这种对细胞功能的精确控制引起大量新的光遗传学的应用，远远超出了改变膜电位的范围，允许光触发细胞内的特定信号通路。例如，新的视蛋白可以允许光诱导受体激活和基因表达的表观遗传调控。此外，我们正在迅速接近一个可以利用光来微调细胞功能的时代，从基因表达到特定的信号传导途径激活，如 Map Kinase 和细胞内 Ca^{2+} 的释放。

光遗传学广泛应用面临的一个主要问题是其对可见光波长的依赖，特别是需要分别激活 CHR2 或 HR 所需的蓝色或黄色光，这些波长在生物组织中容易被强烈吸收和散射，这极大地阻碍了它们在大脑中的光遗传学激活应用。一种关于光遗传学的新方法是使用具有生物相容性和光学功能的上转换纳米粒子，用于产生实时蓝光，这些纳米粒子可以被近红外光激发，通过光子上转换按需产生所需的蓝光、绿光和黄光。光刺激将导致神经调节，从而能够控制神经元信号传导，当传导在整个生物体进行时，这些信号传导将直接或间接影响行为结果。纳米光遗传学策略应根据需要提供神经元反应，从而在一定程度上确保定义的神经元细胞类型内的信号的精确性，这对于操纵认知状态的生物学机制至关重要。

纳米光遗传学刺激示意图如图 6-3 所示，其中掺铥的 UCNP 通过将 980 nm 光上转换为蓝光(约 470 nm)，用于激活 CHR2 蛋白[419]。用与黄色荧光蛋白融合的 CHR2 转染培养的细胞(CHR2-EYFP)，可以通过荧光信号检测到 CHR2 的掺入，然后将 HEK293 细胞(人胚胎肾细胞 293，是一个衍生自人胚胎肾细胞的细胞系，具有转染效率高、易于培养等特点)与 UCNP 一起孵育以进行被动内化。这些细胞装载有钙橙，这是一种可渗透进细胞的 Ca^{2+} 荧光指示剂，其伴随的 543 nm 激光照射能够提供钙橙荧光的激发，可用于在 NIR 光上转换激活 CHR2 离子通道时检测 Ca^{2+} 是否流入细胞，其中，CHR2 通道的光门打开是通过钙橙探针的荧光强度尖峰来进行确认的。这一发现表明，体内的光遗传学激活将特异性地发生在含有大量内化 UCNP 的目标神经元群中，并且预计不会对非目标细胞造成显著刺激。此外，UCNP 的多功能性还表现在可用其创建多功能试剂，该试剂将基因传递到靶细胞，然后将光波长上转换为适当的视蛋白激活波长。下面展示靶向纳米光遗传学在复杂细胞之间的环境中调节神经可塑性的重要应用。例如，有研究人员在一项工作中使用具有诊断治疗效果的纳米粒子穿过血脑屏障进行成像和光热治疗[420, 421]；Shi 等人从核@壳@壳结构的纳米粒子中诱导出绿色上转换发光，该纳米粒子被存在于人膜中的 HR 吸收，从而影响神经抑制；此外，这种上转换发光的稀土材料可用于无线光遗传学[422]，Shan 等研究人员使用来自 NIR 激发的稀土掺杂的蓝色上转换发光来激活通道视紫红质[423]。来自 RENP 的绿色上转换发光也被用于激活一种称为 Chrimson 的对绿光敏感的嵌合通道视紫红质。这种激活是在秀丽隐杆线虫的受抑制 γ-氨基丁酸 GABA 神经递质的神经元中进行的，这会导致体壁肌肉中的动作电位放电减少并抑制其运动[424]。在另一项研究中，Hososhima 等人使用绿色上转换发光来激活通道视紫红质[425]。Chen 等人使用在脑多巴胺神经元中表达 CHR2 的转基因小鼠来验证 Tm 掺杂的 UCNP 的效率，该 UCNP 发出蓝光，用于经颅光遗传学控制，这些研究人员报告了 NIR 激活时多巴胺的释放[426]，相关研究已经使用封装在玻璃中的 UCNP 形成可植入大鼠大脑的微型装置。作为对 NIR 照明的响应，研究人员能够调节各个区域的大脑活动，这些区域包括纹状体、腹侧被盖区和视觉皮层[427]。Bansal 等人使用连续波激光激发 RENP 来操纵秀丽隐杆线虫[428]，该策略允许较低的激发功率以减轻我们不希望出现的加热现象[429]。Zhang 等人在 800 nm 激发下使用来自 UCNP 的增强蓝色光发射来激活 ROS 和 Chrimson，这种激活导致神经元消融，从而控制其运动[430]。在另一项研究中，研究人员使用上转换纳米粒子，使小动物能够看到 NIR 光。Ma 等人开发了 UCNP 与视网膜光感受器结合以转换 NIR 光的方法[431]，他们表明纳米粒子造成的副作用可以忽略不计。令人兴奋的是，注射纳米粒子的小鼠也能够区分复杂的 NIR 形状模式，小鼠新获得的近红外视觉能力与正常视觉相协调。

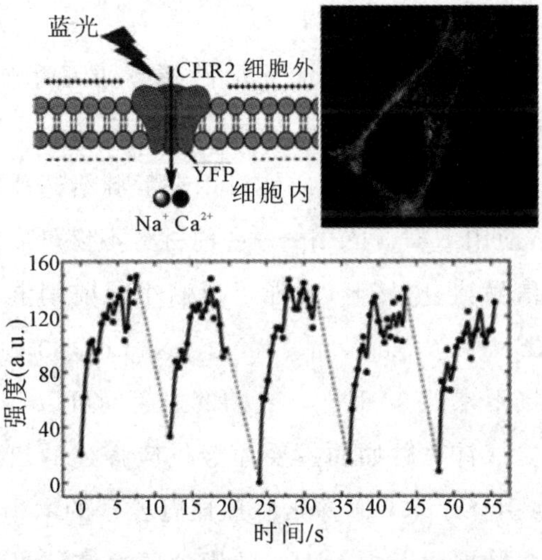

图 6-3 纳米光遗传学刺激示意图(其中 UCNP 的激发导致 Ca^{2+} 诱导的钙橙荧光的峰值，表明 CHR2 激活)[419]

在另一项研究中，Prasad 课题组引入了纳米光子学的概念，用于光触发小胶质细胞的激活。值得一提的是，在没有病原体的情况下，小胶质细胞是不活跃的。然而，当小胶质细胞检测到感染、阿尔茨海默氏症和帕金森等神经退行性疾病或脑肿瘤的分子标志物时，将被重新编程以激活、获得变形虫形状，迁移到病原体来源并通过释放炎症因子和吞噬作用来破坏它们。不过，在老化的大脑中，小胶质细胞逐渐失去激活能力，大脑巨噬细胞失去效率，这些使大脑容易受到病原体和疾病的侵害。

为了解决这个问题，并调节受影响大脑区域中小胶质细胞的激活，研究人员开发了一种蛋黄核壳结构的介孔二氧化硅涂层核壳上转换纳米粒子（UCNP@SiO_2），随后应用 NIR 照明在所需的大脑区域对其进行激活。简而言之，介孔纳米粒子负载有脂多糖（LPS）以及吲哚菁绿（ICG），并用光可切换的偶氮苯-β-环糊精（β-CD）复合物封端，在暴露于 NIR 光以及随后由上转换发光诱导的偶氮基团的反式到顺式光异构化后，β-CD 的解离导致 LPS 的释放，这是小胶质细胞的强激活剂。此外，ICG 因吸收 800 nm 上转换光而激发，产生局部加热，从而通过热休克触发小胶质细胞的激活。因此，加载 LPS 和 ICG 的纳米制剂可用于小胶质细胞的联合激活，以实现脑诊断治疗[432]。

6.2 NIR Ⅱ成像用于术中导航

在影像引导的临床术中导航领域，研究人员[317]首次展示了使用 ICG 染料的多光谱发光成像（可见光、NIR Ⅰ和 NIR Ⅱ）引导的人类肝肿瘤手术。Li 等人提出了一种带有 NIR Ⅱ成像的稀土复合物，其中 RENP 结合脂质体可以在静脉给药后将其快速清除出体外[433]。他们在 NIR Ⅱ成像导航下使用 RENP@Lips，这种材料不仅可以在栓塞手术中识别原位肿瘤血管，还实现了出色的信噪比（SNR），增强了荷瘤小鼠前哨淋巴结活检成像的效果。尾静脉注射 RENP@Lips（RENP=β-$NaYF_4$，7%Nd@$NaYF_4$）30 秒后，可以清楚地看到肿瘤的主要血液供应情况，在接下来的 90 秒内，复杂的血管网可以逐渐被分辨出来，呈现出丰富的异常和典型的分支。受探针对肿瘤的主要血液供应描述的启发，研究人员对股骨原位骨肉瘤进行了 NIR Ⅱ成像引导手术，以探索肿瘤血管栓塞的术中导航。肿瘤的主要血供明显不同于股动脉，当实施血管夹阻断血流时，肿瘤处的血流信号消失，说明肿瘤血供的栓塞手术已经顺利完成。在另一项工作中，Zhang 等人将癌细胞膜包覆的稀土复合物用于 NIR Ⅱ窗口中的肿瘤导航[434]。通过生物特征膜涂层，以及增强的肿瘤吸收，最终的稀土复合物可以实现肿瘤焦点处的更高聚集并降低肝脾的吞噬功能。

在我们的工作中，通过静脉注射 RENP，不仅可以对皮下肿瘤、原位肿瘤和转移肿瘤进行体内成像，还可以追踪转移的肿瘤部位和上矢状窦血管造影。除了被动的 EPR 效应和对微环境的主动反应，RENP 与肽（如 RGD、MBP）和抗体（如抗 PD-L1、抗 CTLA-4、抗 PD-1、抗 CCNB2、抗 TOP2A）等结合可用于增强肿瘤部位的循环[92, 238, 369, 400]。当这些具有 NIR Ⅱ成像能力的靶向 RENP 用于临床前术中导航时，探针可以识别肿瘤/癌旁/正常部位，具有更高 SNR 对比度、更高的穿透力和更强的成像强度。当肺腺癌抗体连接到 RENP 时，RE 抗体偶联物与 NIR Ⅱ成像可以识别病灶中的人肺腺癌肿瘤，与小鼠乳腺癌和人类口腔癌相比，信噪比 SNR 增强约 2.7 倍。最后，注射带有靶向抗体的 RENP 后，可以观察到癌变部位的 NIR Ⅱ信号高于其他正常器官（如肝脏），因此可将这种纳米粒子用于初次术中导航，切除原位肺腺癌肿瘤，如图 6－4 所示[92, 237, 238]。

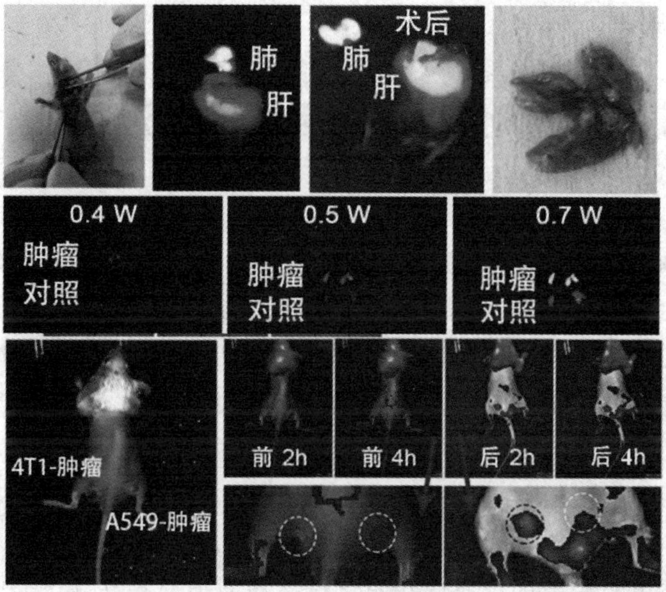

图 6－4 带有靶向抗体的 RENP 用于皮下和原位肿瘤小鼠的 NIR Ⅱ发光术中导航[92]

而且，肺癌病灶的 NIP Ⅱ发光强度远高于正常肺组织。这些结果表明，与特定癌种的蛋白抑制剂结合的 RENP 能够得到比其他癌种病灶（鼠源、人源等其他类型）及正常组织更高的信噪比（SNR）及信背比（SBR）。

如上所述，RENP 的多光谱发光可以提高对病灶的特异性识别，有利于肿瘤细胞进展、肿瘤微环境的体内外成像和动态术中导航。Dai 将两种不同的 NIR Ⅲ成像发光探针与两种靶向抗体相连，对 PD-L1 标志物和 CD8 细胞毒性 T 淋巴细胞两种免疫分子进行动态成像。一种发光探针是 RENP：Er 复合 PD-L1(程序性死亡配体 1，在肿瘤细胞中高度表达)抗体，用于在约 1550 nm 波长(980 nm 脉冲，4.3 ms)下进行 NIR Ⅲ成像。另一种发光探针是复合 CD8(与肿瘤微环境和免疫治疗相关的 T 淋巴细胞)抗体(808 nm CW)的 PbS 量子点。RENP：Er 的长寿命使其和 PbS 量子点能够在 1600 nm 的窗口内同时成像，但二者寿命不同，具有对肿瘤细胞和肿瘤微环境的不同成像效果，从而可以同时标记癌细胞和微环境。因此，可以将两种抗体连接的探针一起注射以揭示肿瘤细胞和肿瘤微环境[100]。此外，掺杂不同晶体结构和金属 Zn 的纳米粒子会影响 Er 的发光寿命，但 Er 的固定发射能级和发射峰不会改变。这种多分子靶向技术可以在细胞和微环境中以不同的寿命呈现，用于动态成像和术中导航。在不久的将来，在同一照射下使用多光谱发光，可以提高手术的阳性诊断率，并降低二次手术率。

6.3 生物正交用于诊断治疗

2022 年 10 月，诺贝尔化学奖授予了 3 位科学家，以表彰他们为“点击化学与生物正交化学”所做出的贡献。生物正交化学可用于展示活体动物内的生命活动及标记病灶。比如，环辛炔方法偶联发光探针可用于肿瘤标记、活体成像示踪等。这类探针在活体生物系统中进行给定的化学反应时，不会干扰生命体中其他自然固有的生化过程，因此不具有生物毒性。同时生物正交反应可帮助人们更准确地理解生化反应中细胞乃至分子层面的活动细节。

治疗性 RENP 通常具有能够同时进行手术成像和治疗的效果。但是，如果治疗方式在诊断期间起作用，其他细胞可能会被无意中杀死。为了最大限度地提高药物疗效并抑制药物副作用，理想的方法是在治疗开始之前选择性地递送药物[435, 436]，对成像和治疗方式的独立控制将允许这种选择性[437]。这种控制可以通过使用两种具有不同波长吸收带的敏化剂来实现，通过不同的激发能量路径，可以实现正交的激发和发射[438]。在此设计中，800 nm 激发外壳产生 Nd 的近红外发射可用于成像。此外，多壳结构在 980 nm 激发下可以产生能够用于治疗的上转换发射光，并在 800 nm 激发下产生用于成像的 1550 nm 发射。Yan 等人合成了具有空气/水稳定性的镀金的金-钆 RE-Au(3.2 nm)杂化物，可用于分离磁成像和 PTT[439]。Ge 等人合成了聚乙二醇化两亲聚合物涂层 RE-Au 复合物，用于诊疗正交的发光生物成像和 PTT(Gd，Yb 掺杂剂)[440]。

6.4　机械发光用于传感

在前文中，我们主要介绍了包括上转换发光和下转换发光在内的光致发光现象。实际上，自然界内物体的发光形式多种多样。除了存在光激发的光致发光，还存在电致发光、热释发光、放射线发光、化学发光、生物发光，以及在应力作用下产生的机械发光等。机械发光是指物体在受到包括摩擦、冲击、拉伸、压缩、扭曲、切割等应力时所表现出来的一种发光现象。机械发光的强度与应力之间存在很强的相关性，因此机械发光在应力传感领域具有显著的应用优势。近年来，机械发光已经在防伪、机器人、人工智能皮肤、生物医学诊断等领域受到研究人员的广泛关注，成为先进材料和制造的重要研究分支，具有广阔的应用前景。

机械发光现象最早于 1605 年被发现并记录，Francis Bacon 在他的著作《The Advancement of Learning》中记录到：使用小刀划过方糖表面时有发光现象。之后，人们发现多种机械发光现象，例如将白砂糖、面包、盐等物质放入钵体中混合研磨，在钵体两侧有明显的发光。据记载，到 19 世纪 20 年代，研究人员陆续在石英、钻石、红宝石、碱性卤化物等数百种材料中发现了机械发光现象。

虽然机械发光现象很早就被发现，但在数百年间其发展有所停滞。一方面由于机械发光现象需要在黑暗环境下才能观察到，而当时的研究技术有限，研究手段不足，研究设备缺乏；另一方面在于早期发现的机械发光大多是不可逆的过程，虽然材料在被“破坏”时会伴随发光现象，但被“破坏”后发光材料会失效，这在一定程度上限制了机械发光材料的实际应用潜力。随着科学技术的发展，科研工作者能够利用光电倍增管定量测试物质的机械发光强度，这样机械发光现象就不止在黑暗环境下才能检测到。随着测量仪器设备的逐步完善，机械发光材料也逐渐开始被人们广泛研究。1999 年，研究人员将 $SrAl_2O_4$：Eu 机械发光粉与环氧树脂混合，制备了一种复合样品，实现了非破坏性弹性机械发光。这种结构无损的机械发光材料在实际应用中具有很大的意义，它为机械发光在各领域的潜在应用打开了大门，同时激发了其他学者对机械发光的研究兴趣，使得有关机械发光的研究水平进一步提升。

根据机械发光材料所受应力作用方式(触发条件)的不同，机械发光可分为两大类：一类是由形变引起的机械发光，即形变机械发光；另一类是由摩擦引起的机械发光，即摩擦机械发光。其中，形变机械发光又可以分为弹性机械发光、破裂机械发光和塑性机械发光。

弹性机械发光是指材料在受到应力时发生弹性形变，并在此过程中伴随发光的现象。用于弹性机械发光的材料具有自恢复能力，本身不会产生破裂或表面损伤，且通常情况下发光强度会随着施加应力的增加而线性增加。破裂机械发光是指材料在受到应力时发生断裂，断裂的瞬间伴随发光的现象。这是由于一般情况下，在材料发生断裂的同时伴随有化学键的断裂，在新产生的断裂表面会发生能量的聚集以及释放，从而产生发光现象。塑性机械发光是指材料在受到应力时发生塑性变形(即不可自行恢复的变形)所引起的发光现象。摩擦机械发光是指发生摩擦时，相互摩擦的物体之间由于不同的诱因而产生发光的现象。根据诱因的不同，摩擦机械发光可以进一步分为摩擦电诱导发光、摩擦化学诱导发光和摩擦热诱导发光。这种发光现象同时受摩擦材料和被摩擦材料的影响。

目前，研究者们大多探索机械发光的应用场景，而对机械发光被激发的机理研究得不是非常深入。目前讨论最多和较为经典的几种机理包括：陷阱诱导机械发光、压电诱导机械发光、摩擦电诱导电子撞击、位错电位诱导发光、化学诱导发光理论等。这里需要指出，这些相关机理只是推断，尚缺乏具体的实验验证。对于机械发光的机理，还有待学者进一步探索及研究。

为了提高机械发光的发光强度，实现更丰富的机械发光颜色变化，共掺杂镧系元素被广泛应用于机械发光领域。在防伪与加密方面，中国科学院兰州化学物理研究所王赵峰团队研发出一种稀土掺杂的机械发光材料 $Sr_3Al_2O_5Cl_2$(SAOC)：Ln(Ln＝Eu、Tb、Ce)，这种材料具有自恢复机械发光能力和突出的热稳定性。该团队基于这种材料开发了可视化温度传感和多模式信息存储器件，为未来机械发光的设计提供了思路，具有重要的指导意义。在生物医学领域，Liu 等人合成了一种近红外机械发光材料 CaZnOS：Nd，并将这种材料加入人工血管移植物中形成复合材料，以实现对血管闭塞和高血压这两种心血管疾病的实时、快速、便捷监测，这项工作展示了稀土掺杂的机械发光材料在生物医学中的应用潜力。除此之外，稀土掺杂的机械发光还在可视化应力成像、生物诊断、可穿戴设备、应力传感用于工程结构诊断等领域展现出良好的应用前景，有待研究者们进一步探索。

第七章　光谱学结合机器学习用于疾病检测

近年来，光谱已成为生命科学领域强有力的工具之一。光谱仪直接采集的光谱通常受到荧光背景、探测器电噪声、激光功率不稳定等扰动，依靠设备改进很难完全消除。为了使疾病检测更有效、更准确地进行，有必要引入具有机器学习的光谱数据分析。光谱信息处理通常包含预处理、特征提取和定性/定量分析。最常用的预处理方法包括基线校正、散射校正、平滑去噪和小波变换。不同的数据集需要不同的预处理方法，由预处理引入的新噪声可能会降低模型的准确性。特征提取是将存在多重共线性的原始光谱数据转换为低维特征空间(该空间提供了最重要的信息)的另一个重要步骤，常见的特征提取方法包括偏最小二乘法、主成分分析法、线性判别分析法等。定性分析和定量分析是两种不同的分析策略，前者通常使用统计方法对不同物质的光谱进行分类，而后者可以通过分析光谱数据与要观察的性质之间的内部联系来预测未知样品的相关性质。

目前，基于支持向量机(SVM)、偏最小二乘(PLS)、人工神经网络(ANN)等各种统计模型的分类回归算法在定性和定量频谱分析中都得到了广泛的应用。下面简要描述光谱数据分析中使用的几种数学技术。主成分分析(PCA)是从复杂数据中提取特征信息的简单且非参数化的方法，可以将高维数据转化为低维数据，并且可以揭示高维数据中隐藏的简单、有用的结构信息。决策树(DT)是一种基本的分类和回归方法。随机森林(RF)是一种广泛使用的监督模式识别算法，本质上是由一系列独立的 DT 组成的分类器集合，可用于分类、回归等领域，具有预测精度高、训练速度快等优点。PLS 具有很强的信息提取能力，常用于建立样品定量分析的模型。PLS 算法也适用于变量数远大于样本数的数据类型，在求解样本数量少、数据线性多的问题时具有良好的效果。ANN 最初被认为是“大脑中神经元通过收集来自其他神经元的输入信号，并将其传播到其他神经元来进行通信的方式”，是一类非常有效的非线性模型。SVM 是一种监督模式识别方法，可以基于结构风险最小化来修复分类决策函数，从而避免过拟合的问题。SVM 通过来自不同类的输入数据子集找到最优分类超平面，从而实现样本的分类或回归。如果输入数据不是线性可分割的，那么 SVM 首先将数据映射到高维特征空间，然后通过最优分类对数据进行分类或回归。总之，SVM 在处理非线性和高维数据方面具有很强的分类和回归能力。

在用于疾病检测的光谱学领域，最常用的非侵入性光谱包括傅里叶变换红外(FTIR)光谱、散射光谱、太赫兹光谱和荧光光谱。疾病检测的本质是将分析的病灶与周围环境或背景分开，因此，搜索它们之间的差异非常重要。根据电磁波与物体之间的相互作用，光谱可分为吸收光谱、荧光光谱和散射光谱。根据光谱波段的波长进行分类时，最常用的光谱是可见光(UV-Vis)光谱、近红外(NIR)光谱和太赫兹光谱。此外，根据是否添加造影剂进行分类，光谱也存在一些差异。例如，拉曼光谱(RS)和表面增强拉曼光谱(SERS)都可以用于基于散射的检测，但是当 SERS 用于检测时需要使用造影剂。与探针相结合的侵入式检测方法包括 SERS、受激拉曼散射(SRS)、荧光光谱和磁粒子光谱(MPS)。本章将介绍不同类型光谱用于疾病检测的机理和大多数机器学习方法，以帮助提高疾病检测的准确性。

7.1 FTIR 光谱结合机器学习

如果能够更容易、更准确地获得病灶的 FTIR 光谱，则 FTIR 光谱结合机器学习有望成为体外检测的重要手段。

红外(IR)光谱是在红外光与物质相互作用后，基于具有一定频率的光的选择性吸光度而建立的一种分析方法。傅里叶变换红外(FTIR)光谱是一种通过产生固体、液体或气体红外吸光度光谱来检测分子中化学键的技术，能快速、无损地获得被测样品的材料、组分等信息，其波长一般位于 2500～25 000 nm，通常表示为 4000～400 cm^{-1}。FTIR 光谱不仅广泛用于环境监测、食品、化学等领域，还可用于光学检测与患病组织相关的分子变化领域。FTIR 光谱分析涵盖了广泛的生物学研究，包括皮肤、卵巢、乳房、肺、胃肠道组织研究等。Mclntosh 等人利用红外光谱检查基底细胞癌，探索基底细胞癌与正常皮肤样本和其他亚型皮肤肿瘤的区别。他们从未染色的冷冻切片中获得表皮、肿瘤、卵泡鞘和真皮的光谱，并进行 t 检验和线性判别分析[441]。蛋白质结构和核酸含量的细微差异，导致正常表皮癌和基底细胞癌的光谱差异显著。该研究结果还表明，真皮的光谱确实与其他皮肤成分的有显著差异。采用线性判别法分析基底细胞癌、表皮或卵泡鞘的特征谱，精准度为 98.7%。在 98.0% 的病例中，线性判别分析能够准确地将光谱分为表皮覆盖的基底细胞癌光谱和表皮覆盖的非肿瘤性皮肤光谱。这些发现表明，红外光谱分析是皮肤肿瘤的潜在有用筛选工具。Mehrotra 等人在 4000～650 cm^{-1} 区域获得了明显不同的正常卵巢组织和卵巢癌组织的光谱，特别是在蛋白质、核酸和脂质振动模式的光谱区域，观察到频率和强度的变化，本研究的结果证实了红外光谱在区分正常卵巢组织和恶性卵巢组织方面的可能性[442]。Mehrotra 等人还收集了正常乳腺组织和恶性乳腺组织在 4000～600 cm^{-1} 区域的 FTIR 数据，结果显示正常乳腺组织和恶性乳腺组织之间存在显著的光谱差异，特别是蛋白质、核酸和糖原振动模式的频率和强度，以及脂质/蛋白质、蛋白质/核酸和蛋白质/糖原的光谱强度比，其 FTIR 可以与病理学之间建立关系[443]。Lewis 等人收集了健康人和肺癌患者的痰液样本，使用 FTIR 技术对其进行分析，获得了 1800～950 cm^{-1} 指纹区域的红外光谱(分别在 964 cm^{-1}、1024 cm^{-1}、1411 cm^{-1}、1577 cm^{-1} 和 1656 cm^{-1} 处具有几个显著波长)，并显示了癌症光谱与正常痰液光谱之间的差异[444]，这种差异可能与肿瘤中蛋白质、核糖和糖原水平的变化有关。此研究表明，痰液 FTIR 检测是一种诊断筛查肺癌的非侵入性的经济高效且通量高的方法。

在实际测量样品光谱的过程中，或多或少会受到外部干扰因素的影响，在许多情况下无法直接分析光谱。因此，FTIR 光谱信息与机器学习相结合已成为 FTIR 光谱检测技术快速发展的关键。2015 年，Großerueschkamp 等人结合 FTIR 和机器学习，实现了对不同亚型肺肿瘤的无标记自动组织病理学注释[445]。如图 7-1(a)所示，该方法由三级分类器组成：第一级为健康和癌症分类器；第二级为肺癌亚型分类器；第三级为 LUAD 亚型分类器。他们对 92 例患者(101 份样本)的组织切片进行了 FTIR 图像测量，结果为：第二级分类器精确度高达 97%，第三级分类器精确度高达 95%。2017 年，Liu 等人收集并比较了胃癌患者和健康人红细胞的红外光谱，采用峰面积比法和曲线拟合法研究了样本之间的差异，并采用规范判别分析(CDA)法分析了 FTIR 数据，得到 FTIR 光谱在胃癌诊断中的灵敏度为 95%，特异性为 70%，精确度为 84.2%，阳性预测值为 80.9%。此研究结果表明，FTIR 光谱可以有效地区分胃癌患者和健康人之间的红细胞，这意味着 FTIR 光谱可能是胃癌诊断的潜在工具[446]。

在我们之前的工作中[447]，通过收集来自人正常上皮细胞(BEAS-2B)和人肺腺癌细胞(A549 细胞)，以及肺腺癌患者和健康人体的肺器官组织的 FTIR 数据来区分正常细胞和癌细胞。对收集的原始 FTIR 数据进行预处理，可以采用孤立森林异常值检测和小波变换(WT)去噪。图 7-1(b)显示了使用孤立森林算法对 2B 和 A549 细胞进行异常样品检测的结果，通过这种方法检测出异常样本并进行移除；图 7-1(c)显示的是 WT 去噪后整体的 FTIR 光谱。然后采用特征提取算法提取重要波长，去除非信息冗余变量。通过保留有效的信息变量，采用不同的算法对正常细胞或组织、癌细胞或组织的红外光谱进行分类，如图 7-1(d)所示，可以观察到一些方法的诊断精确度能够达到 94.4%。根据相应的正常和癌变结果，可以获得 FTIR 特征峰与官能团的关系，从而进一步揭示细胞核酸、蛋白质、脂肪，以及生物膜的含量、构型和构象的变化。通过这项研究，不仅可以更好地理解可能的细胞机制，还可以预测癌症分期，为未来肺腺癌的诊断提供新的思路。此外，一些研究人员已经使用 FTIR 光谱和机器学习的组合提出了犬内脏利什曼病诊断的新策略[448]。同时，研究人员证明了这种方法在快速诊断过敏患者临床治疗监测方面的潜力[449]。许多研究表明，将 FTIR 光谱与机器学习结合使用具有巨大的临床应用潜力。

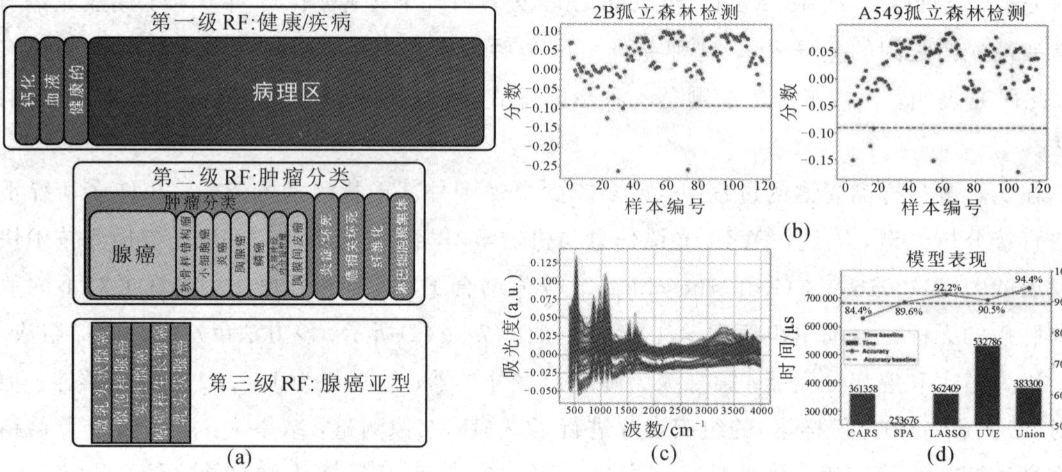

图 7-1　FTIR 光谱结合机器学习用于区分正常细胞和癌细胞的相关研究

(a) 用于不同亚型肺肿瘤的无标记自动组织病理学注释的三级分类器；

(b) 使用孤立森林算法对 2B 和 A549 细胞进行异常样品检测的结果；

(c) WT 去噪后整体的 FTIR 光谱；(d) 不同特征提取策略的模型性能(检测时间和精确度值)分析

7.2　拉曼光谱结合机器学习

SERS 改进了微弱的拉曼信号，可以提供准确、灵敏、多病的信息。它结合机器学习分析，能够使疾病检测更快有效。

当平行光投射到原子或分子上时，一部分光沿原始方向传播，另一部分光以不同角度散射，这种现象称为光散射。它是自然界中常见的一种物理现象。散射可以分为许多类型。其中，拉曼散射是由印度科学家 C.V.Raman 于 1928 年发现的，是一个非弹性散射过程。在此过程中，光与分子表面发生不可塑性碰撞，导致能量交换，传播方向随光频而改变。从能量的角度来看，光频率变化或波长偏移的本质是拉曼散射中光子能量发生的增加或减少，两个相关的散射是斯托克斯散射和反斯托克斯散射。频率的变化取决于散射材料的特性，不同种类的原子群振动模式是独一无二的，因此可以产生与入射光频率有特定差异的散射光，其光谱称为拉曼光谱(RS)。因为特征峰的位置和特征信号在RS中的强度与被测物质的振动能级和旋转能级有关，所以它们可以反映结构特性和化学成分的性质。因此，通过拉曼散射获得的光谱可以称为材料的"指纹光谱"。由于其特异性，RS将能够确定从健康供体和患病供体收集的生物样本之间的差异。人们可以收集和处理来自样品中多个位置的光谱信息，以提供样品异质性和具有统计学意义的分组特征，从而获得同时检测多种疾病信息的机会。除了特异性，RS在非侵入性、易用性、快速检测、结果的可靠性方面也具有很大的优势，因此比需要手动解释结果的组织病理学等诊断方法更受欢迎。

RS分析技术在生物医学领域，特别是在肿瘤诊断领域发展迅速。然而，由于拉曼信号较弱，RS的应用范围和开发过程受到很大限制。不过，在发现表面增强拉曼光谱(SERS)技术后，RS得到了更广泛的发展。SERS是一种新兴的表面光谱分析技术，可以将表面吸附分析的拉曼信号放大一百万倍以上，具有更大的优势。除此之外，SERS还具有优异的分辨率、超高的灵敏度和较强的信号放大能力，可进行窄光谱波段、亚微米尺度的细胞成像，可提供分子结构振动等诸多特性的指纹信息。这些优势使其在食品安全、化工材料、环境监测、生物医药等领域发挥着重要作用。

值得注意的是，不同生物样品之间的差异通常很小，不容易观察到，因此需要使用化学计量学和机器学习来解释收集的光谱数据。将RS与预测算法相结合，可以了解数据类别之间的差异和相似之处，可以基于已知数据建立建筑模型，还可以应用这些模型结合新数据进行预测。Ito等人采集血清样本184份(其中结直肠癌12份)，以血清RS为训练数据，建立了基于机器学习的结直肠癌预测模型，获得了具有高R^2值的高精度结直肠癌模型[450]。Kukula等人[451]提出了一种包括三层卷积层和最后一层密集全连接层(Dense)在内的四层深度卷积神经网络(CNN)，将RS数据应用于该CNN，实现了对30类细菌的快速鉴定，精确度约为86%。Shin等人利用机器学习进行医学诊断、生物识别和分类，这是RS当前发展的新热点。例如，他们基于深度学习算法从生物样本中获取数据，该算法利用外泌体SERS技术来准确诊断早期肺癌，如图7-2所示。其中，图7-2(a)显示的是通过SERS收集外泌体的光谱数据；图7-2(b)展示了基于残差神经网络(Resnet)的用于细胞外泌体分类的深度学习模型的框架结构，该框架由1个初始卷积层、1个池化层、8个串行基本块和2个全连接(FC)层组成，基本块由一系列卷积层、批量归一化(BN)、激活(ReLU)和与输入层的快捷连接组成；图 7-2(c)显示了计算与癌细胞衍生外泌体光谱的相对相似性的示意图，使用来自隐藏 FC 层的预测值估计了哪些细胞外泌体具有与血浆外泌体更相似的信号模式。他们使用这种深度学习模型来探索细胞外泌体的特征，并在没有掌握足够的人类数据的情况下预测人类血浆外泌体的相似性。图 7-3(a)显示了与癌细胞外泌体平均相似性的条形图，患者表现出比健康对照组高约 1.5 倍的相似性。在包括 I 期癌症患者在内的 43 例患者中，深度学习模型预测 90.7%的患者血浆外泌体与肺癌细胞外泌体相似性高于健康对照组的平均值。预测结果显示，所有肺癌患者曲线下面积(AUC)为 0.912，成功鉴定出肺癌患者，甚至检测到 I 期肺癌患者(AUC 高达 0.910)，受试者工作特征(ROC)曲线及其 AUC 值如图 7-3(b)所示。实验结果表明，外泌体 SERS 分析结合深度学习，在早期肺癌的检测方面具有巨大的潜力[452]。Tong 等人使用 RS 来检测乙型肝炎病毒(HBV)。首先，收集 500 名 HBV 患者和 500 名非 HBV 患者的血清 SERS 样本；然后，使用自适应迭代重加权惩罚最小二乘法(air-PLS)来消除拉曼光谱中的荧光干扰；接着，使用 PCA 提取主成分特征，使用 SVM 进行建模和预测，SVM 参数通过第三章中介绍过的粒子群算法进行优化；最后，使用双盲法验证了 600 个血清样品的 SERS 光谱。结果表明，在 RS 中，正常的拉曼峰出现在几个特定的波长处，这与 HBV 患者有很大不同，使用 SERS 联合 air-PLS、PCA、PSO、SVM 模型检测的 HBV 血清的精确度、灵敏度和特异性分别为 93.1%、100%和 88%[453]。Banaei 等人[454]利用微流体芯片中基于 SERS 的蛋白质生物标志物检测平台和两种机器学习方法(K-最近邻和分类树)来提高基于 SERS 的液体活检测定的重现性和特异性，他们应用机器学习分析了胰腺癌、卵巢癌、胰腺炎和健康人群中五种蛋白质生物标志物的表达水平，用来预测疾病类型。该研究介绍了使用血清样本进行癌症诊断的一种方便且特异性高的方法，并证明了该方法的可行性。此外，研究人员还使用拉曼光谱和机器学习进行乳腺癌的分类[455]、哮喘患者的诊断[456]、肾肿瘤亚型的诊断[457]等。同样，SERS 光谱与人工智能的结合也具有广阔的应用前景，近年来得到了研究者的更多关注。

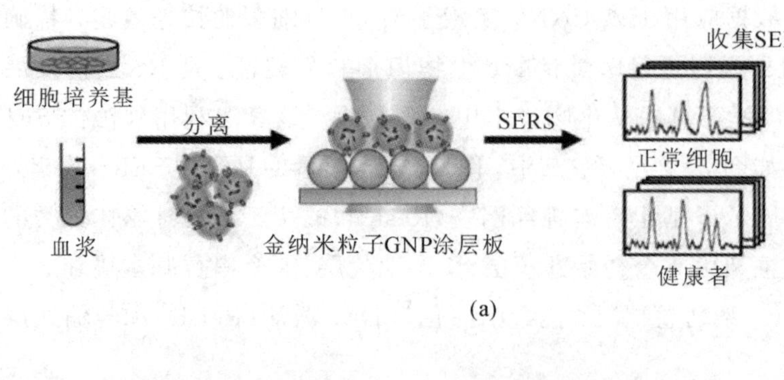

(a)

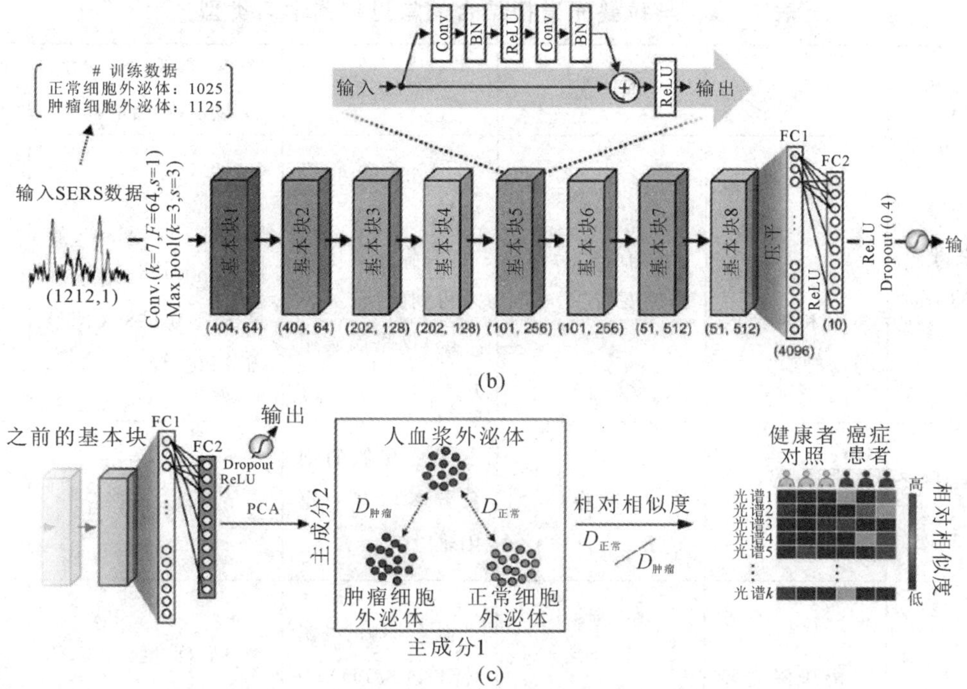

图 7-2　SERS结合深度学习模型用于细胞外泌体相关研究

(a) 通过 SERS 收集外泌体的光谱数据；(b) 基于 Resnet 的深度学习模型的框架结构；

(c) 计算与癌细胞衍生外泌体光谱的相对相似性的示意图

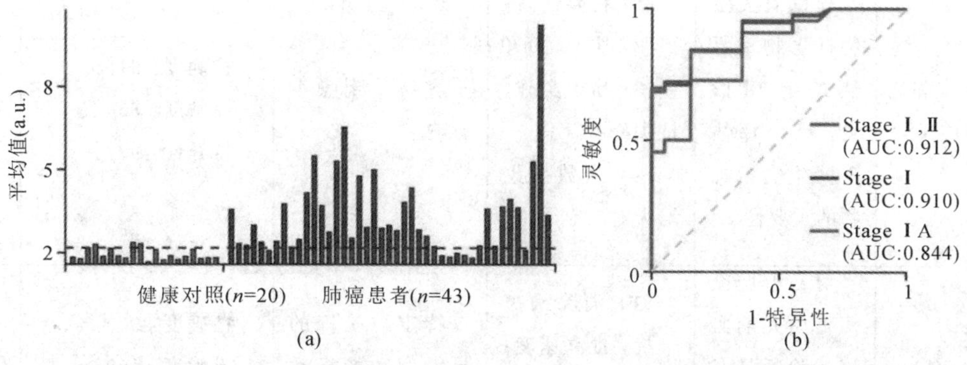

图 7-3　基于深度学习模型的与癌细胞外泌体平均相似性的研究

(a) 与癌细胞外泌体平均相似性的条形图(虚线表示优化的截止值)；(b) 受试者 ROC 曲线及其 AUC 值

此外，我们总结了一些与拉曼光谱相结合的常见机器学习类型，如表 7-1 所示。

表 7-1　与拉曼光谱相结合的常见机器学习类型

机器学习类型	特　点	优　点	缺　点	结果(精确度、灵敏度、特异性等)	参考文献
提升树(Boosted tree)	预测是否存在结直肠癌、腺癌、增生性息肉和神经内分泌肿瘤	具有高 R^2 值，精确度高	(1)无法最终确认； (2)临床实用性未得到验证； (3)仅将疾病用作索引	R^2：0.9982(结直肠癌)、0.9630(腺癌)、0.9962(增生性息肉)、0.9986(神经内分泌肿瘤)	[450]
卷积神经网络(CNN)	仅 4 层，降低网络复杂性	快速、准确	区分相似的细菌分离株有一定困难	精确度：86%	[451]
残差神经网络(Resnet)	解决深度架构的梯度消失问题	精确度高	血浆来源的外泌体在 PCA-LDA 中预测较差，AUC 为 0.27，PLS-DA 为 0.75	精确度：95%，AUC：0.910(Ⅰ期患者)，AUC：0.912(所有患者)	[452]
决策树、邻近算法(K-NN)	提供有关生物标志物重要性的有用信息，可以评估不同生物标志物的重要性	(1)特异性高； (2)快速、简单； (3)易于实施，抗尖峰噪声； (4)当数据集增大时有利	容易受到噪声影响	精确度：91%、灵敏度：86%、特异性：93%	[454]
air-PLS-PCA-PSO-SVM	对乙型肝炎病毒胎儿期血清的诊断具有良好的灵敏度和特异性	(1)消除噪声干扰，提高速度； (2)减少计算量	特定拉曼峰的灵敏度和特异性较低	精确度：93.1%、灵敏度：100%、特异性：88%	[453]

续表

机器学习类型	特　点	优　点	缺　点	结果(精确度、灵敏度、特异性等)	参考文献
主成分分析-判别因子分析(PCA-DFA)、主成分分析-支持向量机(PCA-SVM)	降低数据维度	特异性更好、灵敏度更高	TNBC 2 种亚型分类的精确度有限，约为 70%	PCA-DFA：精确度为 97.6%、灵敏度为 98.1%、特异性为 96.2%； PCA-SVM：精确度为 99.0%、灵敏度为 99.9%、特异性为 96.2%	[455]
支持向量机(SVM)	区分人肾肿瘤、使用内核函数	精确度高、快速	省略一个交叉验证，可能导致过度拟合	精确度：92.89%；对肾肿瘤亚型和分级进行分类，精确度分别为 86.79%、89.53%	[457]
卷积神经网络(CNN)、偏最小二乘-判别分析(PLS-DA)	(1) 避免过拟合； (2) 与 PLS-DA 相比，CNN 使用更多的拉曼波段	精确度高	在某些情况下，CNN 和 PLS-DA 表现出相同的灵敏度和特异性	AUC： (1) 恶性肿瘤为 0.96(CNN)，良性肿瘤为 0.75(PLS-DA)； (2) 黑色素瘤为 0.90(CNN)，色素沉着肿瘤为 0.66(PLS-DA)； (3) 黑色素瘤为 0.92(CNN)，脂溢性角化病为 0.81(PLS-DA)	[458]

由表 7-1 可以看到不同机器学习类型在疾病特定分类中的表现。我们需要根据不同的疾病选择合适的机器学习类型。在最近的研究中，Bratchenko 等人[458]使用 CNN 和偏最小二乘-判别分析(PLS-DA)对皮肤癌进行分类，CNN 在该分类中的表现优于 PLS-DA：CNN

实施获得的用于“恶性肿瘤与良性肿瘤”“黑色素瘤与色素沉着肿瘤”“黑色素瘤与脂溢性角化病”分类的 AUC 分别为 0.96(0.94～0.97，95%置信区间)，0.90(0.85～0.94，95%置信区间)和 0.92(0.87～0.97，95%置信区间)，高于 PLS-DA 的相应值。他们使用的 CNN 自动利用来自光谱的拉曼和自发荧光部分的信息，不需要清除自体荧光信号的记录光谱。他们利用特定的模型方法来估计 CNN 中投影分数的可变重要性，从而突出显示被巨大的自发荧光信号掩盖的非常弱的拉曼波段。

通过将相同的频谱与不同的机器学习方法进行比较，我们发现 SVM 和 CNN 是使用最广泛的机器学习类型，分类结果大多数情况下是最好的。SVM 在解决非线性和高维模式识别问题方面具有许多独特的优势，核函数是 SVM 的关键。我们获得的光谱数据大多是高维和非线性数据，使用正确的核函数，可以在不增加计算复杂性的情况下获得高维分类。因此，为了提高分类的准确性，我们可以选择最合适的核函数，并引入松弛系数和惩罚系数来纠正它。CNN 可以对光谱进行预处理，并有效地提取光谱的特征以供学习。通过设计不同的损失函数和采用不同的超参数，可以在一个网络中一次完成频谱噪声、峰值、基线等的处理，从而简化了频谱数据预处理的步骤。此外，CNN 能够快速实现多种疾病类型的分类。

7.3　太赫兹光谱结合机器学习

一般来说，太赫兹光谱是指频率为 0.1～10 THz 的特殊频段。得益于特殊的位置，太赫兹光谱既可以应用于医学成像，也可以应用于微波等通信领域。由于非电离、高穿透性和高分辨率，太赫兹光谱还可以产生与大多数生物分子的共振响应，从而获得分子指纹识别等特性。太赫兹光谱在多个领域具有巨大的应用潜力，尤其在医疗领域取得了许多成就。

目前，研究已经使用太赫兹光谱来鉴定不同的物质。Meng 等人测量了胶质瘤和正常脑组织的太赫兹光谱，证实了肿瘤组织对太赫兹光谱的反应在一定频带区域内与正常组织不同[459]。Kawase 等人开发了一种新型的太赫兹成像技术，可以检测和识别隐藏的非法药物甲基苯丙胺和亚甲二氧甲基苯丙胺(MDMA)[460]。Liu 等人报道了太赫兹时域频谱在伪多晶型研究中的应用，他们研究了咖啡因、茶碱、D-葡萄糖和氨苄西林及水化合物的太赫兹吸光度频谱[461]。这些实验表明，太赫兹时域频谱作为一种用于伪多晶型鉴定的过程分析技术，在药物生产和质量控制中具有巨大的应用潜力。

上述研究针对的是简单的样品，使用峰比可以鉴定其化学成分。但是，在大多数情况下，我们需要分析更复杂的成分。那么，太赫兹光谱成像数据采集和信息提取是必不可少的，因为太赫兹在这些条件下的吸光度频谱并不明显，无法根据“指纹”区域直接检测。因此，需要结合机器学习进行频谱数据处理和分析。Wang 等人报告了一种基于太赫兹时域频谱的爆炸性创伤性脑损伤(bTBI)早期诊断的新策略，并在大鼠模型中得到证实[462]。在对血清和脑脊液的太赫兹吸光度频谱的研究中，分别使用 Savitzky-Golay 平滑和箱线图来降低噪声和消除异常值。在特征提取阶段，使用 PCA 来降低太赫兹光谱数据的维数并提高分类器的效率。最后，使用经过训练的 KNN 和 SVM 分类器预测测试集，其中基于血清的 SVM 分类器在测试集上表现最佳，诊断精确度为 95.5%。该研究为 bTBI 的早期诊断提供了一种高度敏感、快速且无标记的方法。此外，其他研究人员提出了研究来自糖尿病患者和非糖尿病患者的血浆太赫兹样本，并说明了临床医学中通过监督学习算法构建预测规则的潜在能力[463]。还有研究人员进行了基于太赫兹的呼气光谱学和机器学习分析，用于糖尿病诊断[464]。同样，通过将太赫兹光谱与机器学习相结合的方法可以分析冻干血浆以区分良性甲状腺结节和恶性甲状腺结节[465]。研究人员还提出了多种机器学习方法，利用太赫兹工具提高了标志物检测的灵敏度和对健康组织与肿瘤组织的差异化能力，最终给出了将太赫兹技术应用于胶质瘤术中诊断的实际结果，证实了该技术在分子标志物检测和确定胶质瘤组织边界方面的潜力[466]。

除了上述挑战，还有其他问题需要解决。例如，关于太赫兹光谱与组织之间相互作用的数据要少得多，临床成本高，仪器昂贵，太赫兹测量存在显著不确定性，空间分辨率有限，信噪比适中以及成像性能差等。为此，我们需要进一步研究组织在频率中的光学特性，并分析太赫兹响应背后的物理效应。此外，研究人员可以进一步将太赫兹频谱和机器学习结合起来，以改进和完善相关算法。不过，如何有针对性地提取频谱中的有用信息，并最大限度地减少噪声和散射对测量结果的干扰仍然是很大的问题。

7.4 荧光光谱结合机器学习

荧光光谱是主要的“带造影剂”(发光粉/染料)类型的光谱，疾病检测精度主要由“造影剂”决定。有时机器学习可以提高疾病检测的准确性。

当发光粉原子被光照亮时，周围的电子恰好从基态过渡到激发态。由于能量不稳定，激发的电子返回到基态，释放能量，从而产生荧光。用于疾病检测的荧光的波长通常在可见光(400～700 nm)和 NIR(700～1700 nm)区域。在生物医学研究中，能够利用荧光探针实现荧光成像。通常，荧光探针由荧光团、识别部分和连接部分组成。

荧光团起到产生荧光信号的作用，通常可分为无机荧光材料和有机分子荧光材料两大类。无机荧光材料主要包括稀土元素、半导体材料和量子点。有机分子荧光材料有菁染料、罗丹明系列、香豆素及其衍生物、萘二甲酰亚胺等。有机分子荧光染料种类繁多，具有易于调谐的结构和广泛的波长范围。荧光团的激发和发射波长是产生荧光信号的重要因素，选择波段时既要考虑穿透深度，又要避免自发荧光。当波长位于 NIR 区域时，光在组织中的穿透深度约为 5～15 mm，可以同时达到这两个要求。因此，荧光成像通常以近红外光作为疾病检测的研究对象。

识别部分用于将荧光探针结合到目标成像疾病靶点，这部分决定了荧光探针与靶标结合的特异性，进而影响荧光成像的精确度和灵敏度。当识别部分的抗干扰能力较强时，得到的荧光信号更准确。因此，有必要选择一种能够特异性结合疾病焦点的适当造影剂。疾病靶点的所有对象(如核酸、蛋白质和脂肪)都具有作为识别部分的潜力，通常使用碳链或化学键来连接荧光团和识别部分。荧光探针的整体尺寸与其扩散速率、细胞通透性和血浆循环时间有关。

荧光光谱在疾病检测领域有着广泛的应用。在血谱分析中，荧光光谱学占有重要地位。在我们之前的工作中，利用启发式算法通过预测发光粉中元素的比例选择来解决“低上转换和 NIR Ⅱ发光强度”的问题。此外，还进行了 SVM 以找到最终发光中最重要和最稳定的元素。Gan 等人将血液荧光光谱(0～700 nm)与机器学习和统计学相结合，建立深度置信神经网络模型(DBN)，并对光谱进行处理和分析，以实现动物血液的种类鉴定[467]。在肿瘤检测中，荧光光谱学与机器学习的结合是一个热门的研究课题。Li 等人基于荧光光谱(450～680 nm)和机器学习方法研究了胃癌，建立了胃癌的早期诊断模型，可以区分非癌前病变、癌前病变和胃癌组织，精确度、灵敏度和特异性均在 96%以上[468]。Gu 等人采用荧光寿命显微镜(FLIM)和神经网络极限学习机分类器研究早期宫颈癌的诊断，达到 92.8%的高灵敏度和 80.2%的特异性，该技术可用于补充早期宫颈癌和传统的组织病理学检查[469]。

7.5 其他手段结合机器学习

7.5.1 X 射线

X 射线的波长范围为 0.01～100 Å，介于紫外线和伽马射线之间。它是由原子中电子在两个能量非常不同的能级之间的跃迁而产生的粒子流，属于一种电磁辐射。X 射线具有很强的穿透性，并具有荧光效应和照相效果。基于X射线光谱的X射线胶片和CT图像是比较成熟的医学成像技术。当用X射线照射人体时，一部分能量被人体吸收，另一部分能量通过人体被探测器接收。不同器官和组织的厚度和密度存在差异。其中，骨骼等部位属于高密度组织，而肌肉、神经、结缔组织、软骨等实体器官属于中等密度组织。此外，胃肠道、呼吸道和鼻旁窦中的组织也被归为中等密度组织。脂肪是一种低密度组织。由于密度不同，这些组织以不同的方式吸收X射线，从而产生具有不同黑白对比度的图像。机器学习技术与X射线光谱相结合是疾病检测研究的热点。Shao等人设计了一种机器学习方法，通过迭代阈值处理CT图像，提取特征，并对其进行分类，以自动检测孤立的肺结节[470]。在脊柱CT图像的研究中，Chmelik等人设计了一种结合CNN的图像分割方法，对溶骨性和成骨性肿瘤进行分类[471]。一些研究人员使用mini-X射线管作为激发源来构建能量色散X射线荧光(EDXRF)光谱仪[472]。此光谱仪的定性分析包括能量校准、光谱平滑、背景减法和特征峰的识别。在定量分析中，采用最小二乘法建立了仪器测得的铅含量与发光强度之比的模型。通过这种X射线光谱方法，实现了食指骨中铅数据的测试。

7.5.2 偏振光谱

光偏振是光学固有的性质之一，也是一种疾病检测光谱法。光的偏振状态在与特定物质相互作用后会发生变化。从偏振状态来看，光可分为自然光、全偏振光和部分偏振光。自然光的发光原子之间没有固定的相位关系，而在完全偏振的光中，电矢量的端点在垂直于光传播的平面上沿着椭圆周期性地移动，形成椭圆偏振光。偏振成像是光学成像的另一个重要分支。在与偏振光相互作用后，物质的表面性质可以通过测量光在光场中的偏振状态，即斯托克斯参数来反射。通过偏振成像可以获得有关被测材料的更多信息，例如光的反射角度、材料的表面特性等。偏振光成像应用广泛，在天文学、大气层、医学等诸多领域都有相关研究。通过机器学习方法分析偏振图像可以使疾病检测更快、更准确。Feng等人在流式细胞术研究中采用偏振衍射成像，开发了机器学习方法对成像结果进行分析，实现了细胞凋亡的检测，无需染色和标记。该方法可有效区分存活细胞、早期凋亡细胞和晚期凋亡/坏死细胞，精确度达90%以上[473]。

7.5.3 可见光的比色

可见光是电磁波谱中人眼可以感知的部分，其波长通常在400～700 nm，基于可见光的比色法是疾病检测中最传统的检测方法之一。该方法使待测物与特定显色剂进行反应，通过比较或测量反应后的显色产物颜色来定性或定量检测待测物含量。比色法包括目视比色法和光电比色法两种。目视比色法即预先配制标准溶液，在完成显色反应后依据标准液浓度完成待测物质测量，该方法简单快速但存在主观误差。光电比色计是光电比色法的检测工具，通常由光源、滤光片、比色皿、光电检测器、放大和显示几部分组成。在光电比色法中，光源发出的复合光经滤光片滤波后，成为近似的单色光，该单色光透过有色样品时，有一部分被样品吸收。因此通过对光透过溶液后的强度进行测量即可求出被测物质含量。相比于目视比色法，光电比色法消除了主观误差，但检测成本高且对设备要求严格。机器学习的方法有助于解决可见光谱在疾病检测上的不足。

7.5.4 磁粒子光谱

磁粒子光谱(MPS)是一种新型磁粒子成像系统，对样品施加正弦信号，由于样品磁化曲线的非线性，获得的信号含有高次谐波，样品的磁特性可以用这个信息来计算。使用磁性纳米粒子(MNP)磁化强度及其在交流磁场中的磁化率/光谱的定量检测，是疾病检测的基本原理。MPS 提供了一种便宜且灵敏的方法来检测疾病。目前结合 MPS 和 MNP(比如超顺磁性氧化铁)，可以检测特定种类的生物分子，比如核酸或蛋白质，测试依据为当暴露于强度随时间变化的磁场中时 MNP 的磁化强度波动和磁特性变化。布朗弛豫会导致 MNP 的流体动力学性质发生变化。因此，当暴露于时变磁场时，位于生物分子中的 MNP 的布朗弛豫时间和磁化动力学发生变化。当与特定生物分子结合后，MNP 的布朗弛豫减少，磁粒子光谱中的谐波明显减少。这种变化反映了特定生物分子信息，从而 MPS 可以用于疾病检测。

7.6 对光谱学结合机器学习用于疾病检测的展望

在疾病检测和诊断的发展中，光谱学的发展和应用起着里程碑式的作用。然而，由于手动分析的局限性，光谱学在疾病检测中的潜力尚未完全实现。本章介绍了几种最常用的疾病检测光谱，包括 FTIR 光谱、散射光谱(RS 和 SERS)、太赫兹光谱和荧光光谱等，并将这些光谱与机器学习相结合。相关研究都表明了利用光谱学结合机器学习方法诊断疾病的可行性，以及其在疾病检测领域得到广泛应用的潜力。与常用光谱和机器学习类型相关的疾病检测结果如表 7-2 所示。

表 7－2　与常用光谱和机器学习类型相关的疾病检测结果(更多 * 表示更高的值)

光谱类型	检测精确度	检测灵敏度	检测特异性	结合机器学习的重要程度	结合造影剂的重要程度	特　点
FTIR	* * * * *	* * * *	* * *	* * * *	不需要	吸收，波长，病灶
Raman	* * * *	* * * *	* * * *	* * * *	不需要	散射，波长，病灶
SERS	* * * * *	* * * * *	* * * * *	* * * *	* * * *	散射，波长，病灶
THz	* * *	* *	* * *	* * * *	* * * *	散射，病灶
FL	* * * * *	* * * * *	* * * * *	* *	* * * * *	散射，波长，病灶

由表 7－2 可知，疾病检测的精确度、灵敏度和特异性受检测光谱类型、机器学习类型和造影剂类型的影响。

未来，根据不同的疾病检测场景和任务，如果能在以下几个方面进行研究，可能会有很好的突破：

(1) 如果体外检测和体内检测可以结合起来，那么光谱采集可以更准确地作为疾病检测的基础。例如，在静脉注射造影剂(如发光粉/染料)后，将荧光剂靶向病变进行实时荧光成像，然后在尿液中排泄或在循环后分化，可以在体外进一步测试。这种新的组合检测方法可以提高检测效率，降低药物的副作用。

(2) 在常规慢性病监测等条件下，可定制的附件可用于提供便携式体外检测。例如，为了检测尿液和汗液中的异常成分，可以设计和利用特定的荧光探针来区分它们。疾病进展可以通过用方便的小紫外灯照射后的发光强度来估计。或者结合针对不同疾病的不同颜色的试纸，智能手机的后置摄像头可以实现色度点的精确图像处理。

(3) 寻找新的合适的机器学习算法可以为解决复杂的光谱和微小的差异提供有效和可行的思路。通常，决定应该使用哪种算法非常重要。通过算法的设计和改进，可以可视化频谱传递的深层信息，分析疾病的发生和发展。通过比较同一频谱与不同的机器学习方法，我们发现 SVM 和 CNN 大多有效，分类结果最好。在未来的研究中，可以对 SVM 和 CNN 进行优化以改善目前不同疾病类型高度相似的局面，进一步提高检测特异性。之后，可以进一步提高分类的准确性，以区分更多的类型。

(4) 多光谱与机器学习相结合，可以实现更准确的疾病检测，特别是在科研中心和医院等场所。例如，FTIR 可以快速给出不同细胞中脂肪、蛋白质和核酸的差异，并且进一步的多光谱(基因组、转录组、蛋白质组、代谢组)可以提供关于疾病的准确分子信息，以获得更高的精确度。

第八章 总结与展望

本书总结了关于纳米化学、核壳结构纳米粒子等的合成构建以及表面共轭纳米化学策略的最新研究进展，从而合成具有显著提高的光子转换效率的稀土纳米粒子，继而将其应用范围扩大到靶向诊疗学。本书新加了一些材料信息学辅助探针构建，比如DDA模拟、启发式算法和机器学习等，并提供了一些临床前生物成像、协同光疗、诊断治疗和术中导航的示例。未来，在稀土发光及其生物应用领域，存在的关键问题以及克服这些问题的可行性策略如下：

(1) 如何提高稀土离子的发光强度和成像特性，提高自身灵敏度，使其超越当前状态，并将最终荧光剂的用药浓度显著降低到生物安全区域以内。目前稀土的能量转换效率，特别是在NIR Ⅱ区域的转换效率不高，光学成像受限于穿透力弱的光源，造成灵敏度低、吸收和散射高，从而导致疾病漏诊。通过使用新的无机-有机混合核壳纳米结构，增强激发并改善辐射跃迁与非辐射再激发的新能量转移途径，以及通过多尺度成像(分子—细胞—组织)进行优化，可以进一步改善NIR Ⅱ发光。染料发射和敏化很容易在水和氧气中淬灭，为了更有效地在水环境中使用染料敏化RENP进行治疗及诊断，需要引入更专业的修饰和表面封装策略。

(2) 为了在体内进行更有效和更精确的生物成像和诊断治疗，需要针对多种生物标志物进行靶向，这将需要选择高度特异性的多种生物标志物和纳米化学策略的组合，以同时将多个靶向基团连接到稀土纳米粒子。使用体积庞大、分子量较高的传统抗体的有效偶联是一个主要的问题，可以通过使用小分子抑制剂、多肽和适配体进行靶向，也可以与抗体组合构成多分子(单靶点的多分子抑制剂、多靶点的多分子抑制剂等)，以增强疾病检测特异性来解决这个问题。

(3) 稀土纳米粒子用于诊疗时，在体内应用的一个主要问题是它们潜在的短期和长期毒性，快速的体外毒性以及小动物(小鼠)研究不足以评估其对人类的潜在毒性。因此，对大型动物和灵长类动物进行纳米毒性的研究是具有价值的。降低稀土纳米粒子的短期毒性，使之具有更高生物相容性的有效策略是用生物安全的惰性外壳包裹它们。此外，为了避免可能存在的长期毒性，应通过生物降解或肾脏过滤对纳米粒子进行生物消除。例如，基于氟化物的 RENP 尚未确定是可生物降解的，因此，它们应该被设计得足够小以通过肾脏过滤进行生物消除。

(4) 长余辉发光材料可以在激发后的很长时间内保持发光，它利用稀土复合物的缺陷来存储能量。因此，稀土纳米粒子可以在被使用到体内之前，在外部被激发储存能量，待进入体内后发挥余辉的荧光，从而避免在体内被激光器等激发源激发。这种长余辉发光可用于连续光疗，并且不会在体内照射产生任何背景信号发光[474, 475]。传统的长余辉发光材料通常在 UV/vis 区域的紫外区域(约 250～600 nm 处)被激发，这使得深入激发非常困难。因此，长余辉发光材料是未来发展的一个重要方向，它可以被激发，也可以在激发的 NIR 激光中发射，从而实现 NIR Ⅱ成像。此外，长余辉发光材料应该具有低自发光和吸水率的特点，才能在体内成像中具有潜在的应用。

(5) 稀土的高穿透光声成像也非常有意义(在书中的 4.3 节中有相关描述讨论)。光声成像可以与稀土的上转换发光或下转换发光相结合以实现双模态成像。光声信号(穿透深度为 50 mm)比单模态发光(穿透深度最高为 15 mm)具有更深的穿透力。此外，如果光声信号是通过以更深穿透的波长(例如 1000～1700 nm)激发产生的，则可以对更深的组织部位进行成像。

(6) 量子剪裁在提高光子下转换的量子产率方面起着重要作用，因为它每吸收一个光子就会产生至少两个光子。因此，将量子剪裁纳米粒子用于下转换 NIR Ⅱ成像是一个非常有前途的方向。然而，即使使用强吸收 AIE 染料进行敏化，量子剪裁过程的效率也不足以适用于生物成像。目前还没有关于使用量子剪裁进行生物成像的报道，因此这是一个很有前景的研究方向。

总之，使用纳米化学的多学科方法来调制稀土相关的生物光子特性，并开发临床生物成像，具有一定的应用前景及研究价值。

附录 英文缩略词中文对照表

3D(three-dimensional) 三维

A

AA(adipic acid)己二酸

ACQ(aggregation caused quenching)聚集荧光淬灭

AFM(atomic force microscopy)原子力显微镜

AIE(aggregation induced emission)聚集诱导发光

AI(artificial intelligence)人工智能

ANN(artificial neural network)人工神经网络

ANS(automatic nanomaterials synthesizer)自动纳米材料合成仪

AUC(area under the curve)曲线下面积

B

BO(Bayesian optimization)贝叶斯优化

C

CCK-8(cell counting kit-8)细胞计数试剂盒

CCL(C-C motif chemokine ligand)C-C 基序趋化因子配体

CCNB2(cyclin B2)细胞周期蛋白 B2

CDA(criterion discriminant analysis)规范判别分析

CEA(carcinoembryonic antigen)癌胚抗原

CLSM(confocal laser scanning microscopy)共聚焦激光扫描显微镜

CND(carbon nanodot)碳纳米点

CNN(convolutional neural network)卷积神经网络

CT(computed tomography)计算机断层扫描

CTLA-4(cytotoxic T lymphocyte-associated antigen-4)细胞毒性 T 淋巴细胞相关抗原-4

CU(collaborative upconversion)协同上转换

CW(continuous wave)连续波

CR(cross relaxation)交叉弛豫

CXCL8(C-X-C motif chemokine ligand 8)C-X-C 基序趋化因子配体 8

D

DNN(deep neural network)深度神经网络

$DSiO_2$(dense silica)致密二氧化硅

DAPI(4′,6-diamidino-2-phenylindole)4′,6-二脒基-2-苯基吲哚

DDA(discrete dipole approximation)离散偶极子近似

DET(dexter energy transfer)Dexter 能量转移

DOX(doxorubicin)阿霉素

DSL(down shifting luminescence)下转换发光

DT(decision tree)决策树

DTPA(diethylenetriamine pentaacetic acid)二乙烯三胺五乙酸

E

EBV(Epstein-Barr virus)EB 病毒

EDS(energy dispersive spectra)能量色散光谱

EGO(efficient global optimization)高效全局优化

ET(energy transfer)能量转移

EPR(enhanced penetration and retention)增强渗透滞留

EphA2(ephrin type-A receptor 2)肝配蛋白 A 型受体 2

ECM(extracellular matrix)细胞外基质

EGFR(epithelial growth factor receptor)表皮生长因子受体

ER(estrogen receptor)雌激素受体

ESA(excited state absorbance)激发态吸收

ETU(energy transfer upconversion)能量转移上转换

F

FDA(Food and Drug Administration)食品药物管理局

FDTD(finite-difference time-domain)时域有限差分

FEM(finite element method)有限元法

FGFR(fibroblast growth factor receptor)成纤维细胞生长因子受体

FITC(fluorescein isothiocyanate)异硫氰酸荧光素

FLIM(fluorescence lifetime microscopy)荧光寿命显微镜

FRET(fluorescence resonance energy transfer)荧光共振能量转移

FTIR(Fourier transform infrared)傅里叶变换红外

G

GA(genetic algorithm)遗传算法

GSH(glutathione)谷胱甘肽

H

HA(heuristic algorithm)启发式算法

HER2(human epidermal growth factor receptor 2)人表皮生长因子受体 2

H&E(hematoxylin-eosin staining)苏木精-伊红染色

HSA(harmonic simulated annealing)和声模拟退火

HUVEC(human umbilical vein endothelial cell)人脐静脉内皮细胞

I

ICG(indocyanine green)吲哚菁绿

IET(interface energy transfer)界面能量转移

IL-6(interleukin-6)白细胞介素-6

IL-10(interleukin-10)白细胞介素-10

IR(infrared)红外

ISC(intersystem crossing)系间窜越

L

LBL(layer by layer)逐层

LDOS(local density of state)局域态密度

LFE(local field enhancement)局域电场增强

LOD(limit of detection)检测限

LPS(lipopolysaccharide)有脂多糖

LR(logistic regression)逻辑回归

LSPR(localized surface plasmon resonance)局域表面等离子共振

M

MBP(myelin basic protein)髓鞘碱性蛋白

MMP(matrix metallopeptidase)基质金属肽酶

MOF(metal-organic framework)金属有机框架

MPI(magnetic particle imaging)磁粒子成像

MPS(magnetic particle spectrum)磁粒子光谱

MR(magnetic resonance)磁共振

MRI(magnetic resonance imaging)磁共振成像

MTT(3-(4，5)-dimethylthiahiazo(-z-yl)-3，5-di-phenytetrazoliumromide)3-(4，5-二甲基噻唑-2)-2，5-二苯基四氮唑溴

N

NIR(near infrared)近红外

NMR(nuclear magnetic resonance)核磁共振

NSOM(near-field scanning optical microscopy)近场扫描光学显微镜

O

OA(oleic acid) 油酸

OCT(optical coherence tomography)光学相干断层扫描

P

PA(photon avalanche)光子雪崩

PAA(polyacrylic acid)聚丙烯酸

PALM(photoactivated localization microscopy)光激活定位显微镜

PCA(principal component analysis) 主成分分析

PDT(photodynamic therapy)光动力疗法

PD-L1(program death ligand 1)程序性死亡配体 1

PEG(polyethylene glycol)聚乙二醇

PET(positron emission tomography)正电子发射断层扫描

PIET(photoinduced electron transfer)光诱导电子转移

PLQY(photoluminescence quantum yield)光致发光量子产率

PLS(partial least squares)偏最小二乘

PNIPAM(poly(n-isopropyl acrylamide))聚(正异丙基丙烯酰胺)

PR(progesterone Receptor)孕激素受体

PSA(prostate specific antigen)前列腺特异性抗原

PSMA(prostate specific membrane antigen)前列腺特异性膜抗原

PSO(particle swarm optimization)粒子群优化

PTT(photothermal therapy)光热疗法

R

RE(rare earth)稀土

RENP(rare earth nanoparticle)稀土纳米粒子

RF(random forest)随机森林

RNS(reactive nitrogen species)活性氮

ROC(receiver operating characteristic)受试者工作特征

ROS(reactive oxygen species)活性氧

RS(Raman spectrum)拉曼光谱

RT(return transfer) 返回转移

S

SA(simulated annealing)模拟退火

SBR(signal to background ratio)信背比

SEM(scanning electron microscopy)扫描电镜

SERS(surface enhanced Raman spectrum)表面增强拉曼光谱

SET(successive energy transfer)连续能量转移

SHG(second harmonic generation)二次谐波

SNR(signal to noise ratio)信噪比

SPR(surface plasmon resonance)表面等离子共振

SRS(stimulated Raman scattering)受激拉曼散射

STED(stimulated emission depletion)受激发射损耗

STORM(stochastic optical reconstruction microscopy)随机光学重建显微镜

SVM(support vector machine)支持向量机

T

TAM(tumor associated macrophage)肿瘤相关巨噬细胞

TBI(traumatic brain injury)创伤性脑损伤

TEM(transmission electron microscopy)透射电镜

TGF-β(transforming growth factor-β)转化生长因子-β

TME(tumor microenvironment)肿瘤微环境

TTA(triplet-triplet annihilation)三重态-三重态湮没

U

UCL (upconversion to luminescence)上转换发光

UCNP(upconversion nanoparticle)上转换纳米粒子

US(ultrasound)超声

UV(ultraviolet)紫外线

V

VEGF(vascular endothelial growth factor)血管内皮生长因子

Vis(visible)可见光

W

WT(wavelet transform)小波变换

X

XPS(X-ray photoelectron spectroscopy)X 射线光电子光谱

XRD(X-ray powder diffraction)X 射线粉末衍射

Z

Zevalin 替伊莫单抗

参 考 文 献

[1] RAPOPORT N. Physical stimuli-responsive polymeric micelles for anti-cancer drug delivery [J]. Prog Polym Sci, 2007, 32(8/9): 962 - 990.

[2] FANG J, SEKI T, MAEDA H. Therapeutic strategies by modulating oxygen stress in cancer and inflammation [J]. Adv Drug Del Rev, 2009, 61(4): 290 - 302.

[3] BERTRAND N, WU J, XU X, et al. Cancer nanotechnology: The impact of passive and active targeting in the era of modern cancer biology [J]. Adv Drug Del Rev, 2014, 66: 2 - 25.

[4] WU J, WANG S, ZHANG X, et al. ^{18}F-Alfatide II PET/CT for Identification of Breast Cancer: A Preliminary Clinical Study [J]. J Nucl Med, 2018, 59(12): 1809 - 1816.

[5] MITCHELL M J, BILLINGSLEY M M, HALEY R M, et al. Engineering precision nanoparticles for drug delivery [J]. Nat Rev Drug Discov, 2021, 20(2): 101 - 124.

[6] VAN VLERKEN L E, VYAS T K, AMIJI M M. Poly(ethylene glycol)-modified nanocarriers for tumor-targeted and intracellular delivery [J]. Pharm Res, 2007, 24(8): 1405 - 1414.

[7] BRANNON-PEPPAS L, BLANCHETTE J O. Nanoparticle and targeted systems for cancer therapy [J]. Adv Drug Del Rev, 2012, 64: 206 - 212.

[8] YANG Y, YU C. Advances in silica based nanoparticles for targeted cancer therapy [J]. Nanomed Nanotechnol, 2016, 12(2): 317 - 332.

[9] CHEN F, WANG G, GRIFFIN J I, et al. Complement proteins bind to nanoparticle protein corona and undergo dynamic exchange in vivo [J]. Nat Nanotechnol, 2017, 12(4): 387 - 393.

[10] VERMA S K, JHA E, PANDA P K, et al. Molecular aspects of core-shell intrinsic defect induced enhanced antibacterial activity of ZnO nanocrystals [J]. Nanomedicine, 2018, 13(1): 43 - 68.

[11] SHOU K, QU C, SUN Y, et al. Multifunctional Biomedical Imaging in

Physiological and Pathological Conditions Using a NIR-Ⅱ Probe [J]. Adv Funct Mater, 2017, 27(23): 1700995.

[12] MCHUGH K J, JING L, BEHRENS A M, et al. Biocompatible Semiconductor Quantum Dots as Cancer Imaging Agents [J]. Adv Mater, 2018, 30(18): 1706356.

[13] GARGAS D J, CHAN E M, OSTROWSKI A D, et al. Engineering bright sub-10-nm upconverting nanocrystals for single-molecule imaging [J]. Nat Nanotechnol, 2014, 9(4): 300-305.

[14] YANG H, LI R, ZHANG Y, et al. Colloidal Alloyed Quantum Dots with Enhanced Photoluminescence Quantum Yield in the NIR-Ⅱ Window [J]. J Am Chem Soc, 2021, 143(6): 2601-2607.

[15] ZHONG Y, DAI H. A mini-review on rare-earth down-conversion nanoparticles for NIR-Ⅱ imaging of biological systems [J]. Nano Res, 2020, 13(5): 1281-1294.

[16] WU M, CONGREVE D N, WILSON M W B, et al. Solid-state infrared-to-visible upconversion sensitized by colloidal nanocrystals [J]. Nat Photonics, 2016, 10(1): 31-34.

[17] ANTARIS A L, ROBINSON J T, YAGHI O K, et al. Ultra-Low Doses of Chirality Sorted (6, 5) Carbon Nanotubes for Simultaneous Tumor Imaging and Photothermal Therapy [J]. ACS Nano, 2013, 7(4): 3644-3652.

[18] TAO Z, HONG G, SHINJI C, et al. Biological Imaging Using Nanoparticles of Small Organic Molecules with Fluorescence Emission at Wavelengths Longer than 1000 nm [J]. Angew Chem Int Ed, 2013, 52(49): 13002-13006.

[19] CHEN G, ZHU J Y, ZHANG Z L, et al. Transformation of Cell-Derived Microparticles into Quantum-Dot-Labeled Nanovectors for Antitumor siRNA Delivery [J]. Angew Chem Int Ed, 2015, 54(3): 1036-1040.

[20] WANG Y, SONG S, LIU J, et al. ZnO-Functionalized Upconverting Nanotheranostic Agent: Multi-Modality Imaging-Guided Chemotherapy with On-Demand Drug Release Triggered by pH [J]. Angew Chem Int Ed, 2015, 54(2): 536-540.

[21] KACHYNSKI A V, PLISS A, KUZMIN A N, et al. Photodynamic therapy by in situ nonlinear photon conversion [J]. Nat Photonics, 2014, 8(6): 455-461.

[22] ZHENG X, CHENG W, JI C, et al. Detection of metal ions in biological systems: A review [J]. Rev Anal Chem, 2020, 39(1): 231-246.

[23] ZHENG X, XING D, ZHOU F, et al. Indocyanine Green-Containing Nanostructure as Near Infrared Dual-Functional Targeting Probes for Optical Imaging and Photothermal Therapy [J]. Mol Pharm, 2011, 8(2): 447-456.

[24] LIU L, WANG S, ZHAO B, et al. Er^{3+} Sensitized 1530nm to 1180 nm Second Near-Infrared Window Upconversion Nanocrystals for InVivo Biosensing [J]. Angew Chem Int Ed, 2018, 57(25): 7518-7522.

[25] WANG F, DENG R, WANG J, et al. Tuning upconversion through energy migration in core-shell nanoparticles [J]. Nat Mater, 2011, 10(12): 968-973.

[26] SORDILLO D C, SORDILLO L A, SORDILLO P P, et al. Short wavelength infrared optical windows for evaluation of benign and malignant tissues [J]. J Biomed Opt, 2017, 22(4): 45002.

[27] HEMMER E, BENAYAS A, LéGARé F, et al. Exploiting the biological windows: current perspectives on fluorescent bioprobes emitting above 1000 nm [J]. Nanoscale Horizons, 2016, 1(3): 168-184.

[28] LIU X, YAN C H, CAPOBIANCO J A. Photon upconversion nanomaterials [J]. Chem Soc Rev, 2015, 44(6): 1299-1301.

[29] TENG X, ZHU Y, WEI W, et al. Lanthanide-Doped $Na_xScF_{(3+x)}$ Nanocrystals: Crystal Structure Evolution and Multicolor Tuning [J]. J Am Chem Soc, 2012, 134(20): 8340-8343.

[30] WANG L, DONG H, LI Y, et al. Reversible Near-Infrared Light Directed Reflection in a Self-Organized Helical Superstructure Loaded with Upconversion Nanoparticles [J]. J Am Chem Soc, 2014, 136(12): 4480-4483.

[31] BANSAL A, YANG F, XI T, et al. In vivo wireless photonic photodynamic therapy [J]. Proc Natl Acad Sci, 2018, 115(7): 1469-1474.

[32] GORRIS H H, WOLFBEIS O S. Photon-Upconverting Nanoparticles for Optical Encoding and Multiplexing of Cells, Biomolecules, and Microspheres [J]. Angew Chem Int Ed, 2013, 52(13): 3584-3600.

[33] XIA Z, LIU R S. Tunable Blue-Green Color Emission and Energy Transfer of

$Ca_2Al_3O_6F$: Ce^{3+}, Tb^{3+} Phosphors for Near-UV White LEDs [J]. J Phy Chem C, 2012, 116(29): 15604 - 15609.

[34] FAN Y, WANG P, LU Y, et al. Lifetime-engineered NIR-Ⅱ nanoparticles unlock multiplexed in vivo imaging [J]. Nat Nanotechnol, 2018, 13(10): 941 - 946.

[35] LEI X, LI R, TU D, et al. Intense near-infrared-Ⅱ luminescence from $NaCeF_4$: Er/Yb nanoprobes for in vitro bioassay and in vivo bioimaging [J]. Chem Sci, 2018, 9(20): 4682 - 4688.

[36] AMOROSO A J, POPE S J A. Using lanthanide ions in molecular bioimaging [J]. Chem Soc Rev, 2015, 44(14): 4723 - 4742.

[37] GOLDMAN E, ZINGER A, DA SILVA D, et al. Nanoparticles target early-stage breast cancer metastasis in vivo [J]. Nanotechnology, 2017, 28(43): 43LT01.

[38] LI Y, TANG J, PAN D X, et al. A Versatile Imaging and Therapeutic Platform Based on Dual-Band Luminescent Lanthanide Nanoparticles toward Tumor Metastasis Inhibition [J]. ACS Nano, 2016, 10(2): 2766 - 2773.

[39] WU M, YAN L, WANG T, et al. Controlling Red Color - Based Multicolor Upconversion through Selective Photon Blocking [J]. Adv Funct Mater, 2019, 29(25):1804160.

[40] SHEN Z, SONG J, ZHOU Z, et al. Dotted Core - Shell Nanoparticles for T_1-Weighted MRI of Tumors [J]. Adv Mater, 2018, 30(33): 1803163.

[41] ZHOU Z, SONG J, TIAN R, et al. Activatable Singlet Oxygen Generation from Lipid Hydroperoxide Nanoparticles for Cancer Therapy [J]. Angew Chem Int Ed, 2017, 56(23): 6492 - 6496.

[42] JOHNSON N J J, HE S, DIAO S, et al. Direct Evidence for Coupled Surface and Concentration Quenching Dynamics in Lanthanide-Doped Nanocrystals [J]. J Am Chem Soc, 2017, 139(8): 3275 - 3282.

[43] LI R, JI Z, DONG J, et al. Enhancing the Imaging and Biosafety of Upconversion Nanoparticles through Phosphonate Coating [J]. ACS Nano, 2015, 9(3): 3293 - 3306.

[44] CARRIL M, PADRO D, DEL PINO P, et al. In situ detection of the protein corona in complex environments [J]. Nat Commun, 2017, 8(1): 1542.

[45] WINTER P M, CARUTHERS S D, YU X, et al. Improved molecular imaging

contrast agent for detection of human thrombus [J]. Magn Reson Med, 2003, 50(2):411 - 416.

[46] KARABULUT N. Gadolinium deposition in the brain: another concern regarding gadolinium-based contrast agents [J]. Diagn Interv Radiol, 2015, 21(4): 269 - 270.

[47] ZHANG P, WANG J, CHEN H, et al. Tumor Microenvironment-Responsive Ultrasmall Nanodrug Generators with Enhanced Tumor Delivery and Penetration [J]. J Am Chem Soc, 2018, 140(44): 14980 - 14989.

[48] ZHAO Q, ZHOU X, CAO T, et al. Fluorescent/phosphorescent dual-emissive conjugated polymer dots for hypoxia bioimaging [J]. Chem Sci, 2015, 6(3): 1825 - 1831.

[49] WOLFBEIS O S. An overview of nanoparticles commonly used in fluorescent bioimaging [J]. Chem Soc Rev, 2015, 44(14): 4743 - 4768.

[50] ASHLEY C E, CARNES E C, PHILLIPS G K, et al. The targeted delivery of multicomponent cargos to cancer cells by nanoporous particle-supported lipid bilayers [J]. Nat Mater, 2011, 10(5): 389 - 397.

[51] YANG X, HONG H, GRAILER J J, et al. cRGD-functionalized, DOX-conjugated, and ^{64}Cu-labeled superparamagnetic iron oxide nanoparticles for targeted anticancer drug delivery and PET/MR imaging [J]. Biomaterials, 2011, 32(17): 4151 - 4160.

[52] BANSAL R, RESHEF R. Revving the CAR - Combination strategies to enhance CAR T cell effectiveness [J]. Blood Rev, 2021, 45: 100695.

[53] BARUCH E N, YOUNGSTER I, BEN-BETZALEL G, et al. Fecal microbiota transplant promotes response in immunotherapy-refractory melanoma patients [J]. Science, 2021, 371(6529): 602 - 609.

[54] DAVAR D, DZUTSEV A K, MCCULLOCH J A, et al. Fecal microbiota transplant overcomes resistance to anti - PD-1 therapy in melanoma patients [J]. Science, 2021, 371(6529): 595 - 602.

[55] FAN Z, LIU H, XUE Y, et al. Reversing cold tumors to hot: An immunoadjuvant-functionalized metal-organic framework for multimodal imaging-guided synergistic photoimmunotherapy [J]. Bioactive Materials, 2021, 6(2): 312 - 325.

[56] FISHBEIN A, HAMMOCK B D, SERHAN C N, et al. Carcinogenesis: Failure of resolution of inflammation? [J]. Pharmacol Ther, 2021, 218: 107670.

[57] LU C, GUAN J, LU S, et al. DNA Sensing in Mismatch Repair-Deficient Tumor Cells Is Essential for Anti-tumor Immunity [J]. Cancer Cell, 2021, 39(1): 96 - 108.e6.

[58] UY G L, ALDOSS I, FOSTER M C, et al. Flotetuzumab as salvage immunotherapy for refractory acute myeloid leukemia [J]. Blood, 2021, 137(6): 751 - 762.

[59] YU J, GREEN M D, LI S, et al. Liver metastasis restrains immunotherapy efficacy via macrophage-mediated T cell elimination [J]. Nat Med, 2021, 27(1): 152 - 164.

[60] FORD K, HANLEY C J, MELLONE M, et al. NOX4 Inhibition Potentiates Immunotherapy by Overcoming Cancer-Associated Fibroblast-Mediated CD8 T-cell Exclusion from Tumors [J]. Cancer Res, 2020, 80(9): 1846 - 1860.

[61] THEIVANTHIRAN B, EVANS K S, DEVITO N C, et al. A tumor-intrinsic PD-L1/NLRP3 inflammasome signaling pathway drives resistance to anti-PD-1 immunotherapy [J]. J Clin Invest, 2020, 130(5): 2570 - 2586.

[62] QUAIL D F, JOYCE J A. Microenvironmental regulation of tumor progression and metastasis [J]. Nat Med, 2013, 19(11): 1423 - 1437.

[63] PU N, ZHAO G, YIN H, et al. CD25 and TGF-β blockade based on predictive integrated immune ratio inhibits tumor growth in pancreatic cancer [J]. J Transl Med, 2018, 16(1): 294.

[64] FUCA G, REPPEL L, LANDONI E, et al. Enhancing Chimeric Antigen Receptor T-Cell Efficacy in Solid Tumors [J]. Clin Cancer Res, 2020, 26(11): 2444 - 2451.

[65] MORTEZAEE K. CXCL12/CXCR4 axis in the microenvironment of solid tumors: A critical mediator of metastasis [J]. Life Sci, 2020, 249: 117534.

[66] ZHENG P, LIU Y, CHEN J, et al. Targeted pH-responsive polyion complex micelle for controlled intracellular drug delivery [J]. Chin Chem Lett, 2020, 31(5): 1178 - 1182.

[67] YU J, JAVIER D, YASEEN M A, et al. Self-Assembly Synthesis, Tumor Cell Targeting, and Photothermal Capabilities of Antibody-Coated Indocyanine Green Nanocapsules [J]. J Am Chem Soc, 2010, 132(6): 1929 - 1938.

[68] YANG P, AN H, LIU X, et al. The cytosolic nucleic acid sensor LRRFIP1 mediates the production of type I interferon via a β-catenin-dependent pathway [J].

Nat Immunol, 2010, 11(6): 487 - 494.

[69] GONG F, YANG N, WANG X, et al. Tumor microenvironment-responsive intelligent nanoplatforms for cancer theranostics [J]. Nano Today, 2020, 32: 100851.

[70] HEICHLER C, SCHEIBE K, SCHMIED A, et al. STAT3 activation through IL-6/IL-11 in cancer-associated fibroblasts promotes colorectal tumour development and correlates with poor prognosis [J]. Gut, 2020, 69(7): 1269 - 1282.

[71] LV R, YANG G, HE F, et al. LaF_3: Ln mesoporous spheres: controllable synthesis, tunable luminescence and application for dual-modal chemo-/photo-thermal therapy [J]. Nanoscale, 2014, 6(24): 14799 - 14809.

[72] LV R, YANG P, HE F, et al. Hollow Structured Y_2O_3: Yb/Er-CuxS Nanospheres with Controllable Size for Simultaneous Chemo/Photothermal Therapy and Bioimaging [J]. Chem Mater, 2015, 27(2): 483 - 496.

[73] YIN A, ZHANG Y, SUN L, et al. Colloidal synthesis and blue based multicolor upconversion emissions of size and composition controlled monodisperse hexagonal $NaYF_4$: Yb, Tm nanocrystals [J]. Nanoscale, 2010, 2(6): 953 - 959.

[74] CRAWFORD S E, OHODNICKI P R, BALTRUS J P. Materials for the photoluminescent sensing of rare earth elements: challenges and opportunities [J]. J Mater Chem C, 2020, 8(24): 7975 - 8006.

[75] DONG H, SUN L D, YAN C H. Basic understanding of the lanthanide related upconversion emissions [J]. Nanoscale, 2013, 5(13): 5703 - 5714.

[76] ZHANG X, HUANG Y, GONG M. Dual-emitting Ce^{3+}, Tb^{3+} co-doped LaOBr phosphor: Luminescence, energy transfer and ratiometric temperature sensing [J]. Chem Eng J, 2017, 307: 291 - 299.

[77] LIU Y, DING Y, PENG Z. Novel full color greenish-white-emitting $Sr_3Bi(PO_4)_3$: Eu^{2+} phosphor for white light-emitting diodes [J]. Opt Eng, 2014, 53(1): 010501.

[78] WEGH R T, DONKER H, VAN LOEF E V D, et al. Quantum cutting through downconversion in rare-earth compounds [J]. J Lumin, 2000, 87: 1017 - 1019.

[79] SHAO W, LIM C K, LI Q, et al. Dramatic Enhancement of Quantum Cutting in Lanthanide-Doped Nanocrystals Photosensitized with an Aggregation-Induced

Enhanced Emission Dye [J]. Nano Lett, 2018, 18(8): 4922 - 4926.

[80] ISHII A, MIYASAKA T. Quantum cutting-induced near-infrared luminescence of Yb^{3+} and Er^{3+} in a layer structured perovskite film [J]. J Chem Phys, 2020, 153(19): 194704.

[81] LV R, GAI S, DAI Y, et al. Highly Uniform Hollow GdF_3 Spheres: Controllable Synthesis, Tuned Luminescence, and Drug-Release Properties [J]. ACS Appl Mater Inter, 2013, 5(21): 10806 - 10818.

[82] LV R, GAI S, DAI Y, et al. Surfactant-Free Synthesis, Luminescent Properties, and Drug-Release Properties of LaF_3 and $LaCO_3F$ Hollow Microspheres [J]. Inorg Chem, 2014, 53(2): 998 - 1008.

[83] LV R, YANG G, DAI Y, et al. Self-produced bubble-template synthesis of La_2O_3: Yb/Er@Au hollow spheres with markedly enhanced luminescence and release properties [J]. Crystengcomm, 2014, 16(41): 9612 - 9621.

[84] LV R, YANG G, GAI S, et al. Multifunctional $LaPO_4$: Ce/Tb@Au mesoporous microspheres: synthesis, luminescence and controllable light triggered drug release [J]. RSC Adv, 2014, 4(108): 63425 - 63435.

[85] PRODI L, RAMPAZZO E, RASTRELLI F, et al. Imaging agents based on lanthanide doped nanoparticles [J]. Chem Soc Rev, 2015, 44(14): 4922 - 4952.

[86] XING H, BU W, REN Q, et al. A $NaYbF_4$: Tm^{3+} nanoprobe for CT and NIR-to-NIR fluorescent bimodal imaging [J]. Biomaterials, 2012, 33(21): 5384 - 5393.

[87] SU Q, HAN S, XIE X, et al. The Effect of Surface Coating on Energy Migration-Mediated Upconversion [J]. J Am Chem Soc, 2012, 134(51): 20849 - 20857.

[88] DONG N N, PEDRONI M, PICCINELLI F, et al. NIR-to-NIR Two-Photon Excited CaF_2: Tm^{3+}, Yb^{3+} Nanoparticles: Multifunctional Nanoprobes for Highly Penetrating Fluorescence Bio-Imaging [J]. ACS Nano, 2011, 5(11): 8665 - 8671.

[89] ZHANG Y, LIU X. Nanocrystals: Shining a light on upconversion [J]. Nat Nanotechnol, 2013, 8(10): 702 - 703.

[90] XIE X, GAO N, DENG R, et al. Mechanistic Investigation of Photon Upconversion in Nd^{3+}-Sensitized Core-Shell Nanoparticles [J]. J Am Chem Soc, 2013, 135(34): 12608 - 12611.

[91] CHAN E M, GARGAS D J, SCHUCK P J, et al. Concentrating and Recycling Energy in Lanthanide Codopants for Efficient and Spectrally Pure Emission: The Case of $NaYF_4$: Er^{3+}/Tm^{3+} Upconverting Nanocrystals [J]. J Phys Chem B, 2012, 116(35): 10561 - 10570.

[92] LV R, WANG Y, LIN B, et al. Targeted Luminescent Probes for Precise Upconversion/NIR Ⅱ Luminescence Diagnosis of Lung Adenocarcinoma [J]. Anal Chem, 2021, 93(11): 4984 - 4992.

[93] CHEN G Y, QJU H L, PRASAD P N, et al. Upconversion Nanoparticles: Design, Nanochemistry, and Applications in Theranostics [J]. Chem Rev, 2014, 114(10): 5161 - 5214.

[94] WANG J, DENG R, MACDONALD M A, et al. Enhancing multiphoton upconversion through energy clustering at sublattice level [J]. Nat Mater, 2014, 13(2): 157 - 162.

[95] LIU Y, TU D, ZHU H, et al. A Strategy to Achieve Efficient Dual-Mode Luminescence of Eu^{3+} in Lanthanides Doped Multifunctional $NaGdF_4$ Nanocrystals [J]. Adv Mater, 2010, 22(30): 3266 - 3271.

[96] NADORT A, ZHAO J, GOLDYS E M. Lanthanide upconversion luminescence at the nanoscale: fundamentals and optical properties [J]. Nanoscale, 2016, 8(27): 13099 - 13130.

[97] QIN X, LIU X, HUANG W, et al. Lanthanide-Activated Phosphors Based on 4f-5d Optical Transitions: Theoretical and Experimental Aspects [J]. Chem Rev, 2017, 117(5): 4488 - 4527.

[98] CHEN G, YANG C, PRASAD P N. Nanophotonics and Nanochemistry: Controlling the Excitation Dynamics for Frequency Up- and Down-Conversion in Lanthanide-Doped Nanoparticles [J]. Accounts Chem Res, 2013, 46(7): 1474 - 1486.

[99] WANG J, WANG F, WANG C, et al. Single-Band Upconversion Emission in Lanthanide-Doped $KMnF_3$ Nanocrystals [J]. Angew Chem Int Edit, 2011, 50(44): 10369 - 10372.

[100] ZHONG Y T, MA Z R, WANG F F, et al. In vivo molecular imaging for immunotherapy using ultra-bright near-infrared-Ⅱb rare-earth nanoparticles [J]. Nat Biotechnol, 2019, 37(11): 1322 - 1331.

[101] LV R C, FENG M, PARAK W J. Up-Conversion Luminescence Properties of Lanthanide-Gold Hybrid Nanoparticles as Analyzed with Discrete Dipole Approximation [J]. Nanomaterials, 2018, 8(12): 12.

[102] SHAO W, CHEN G, DAMASCO J, et al. Enhanced upconversion emission in colloidal ($NaYF_4$: Er^{3+})/$NaYF_4$ core/shell nanoparticles excited at 1523 nm [J]. Opt Lett, 2014, 39(6): 1386 - 1389.

[103] LIANG L, TEH D B L, DINH N D, et al. Upconversion amplification through dielectric superlensing modulation [J]. Nat Commun, 2019, 10(1): 1391.

[104] VETRONE F, NACCACHE R, MAHALINGAM V, et al. The Active-Core/Active-Shell Approach: A Strategy to Enhance the Upconversion Luminescence in Lanthanide-Doped Nanoparticles [J]. Adv Funct Mater, 2009, 19(18): 2924 - 2929.

[105] ZHOU B, TANG B, ZHANG C, et al. Enhancing multiphoton upconversion through interfacial energy transfer in multilayered nanoparticles [J]. Nat Commun, 2020, 11(1): 1174.

[106] ZHONG Y, TIAN G, GU Z, et al. Elimination of Photon Quenching by a Transition Layer to Fabricate a Quenching-Shield Sandwich Structure for 800 nm Excited Upconversion Luminescence of Nd^{3+}-Sensitized Nanoparticles [J]. Adv Mater, 2014, 26(18): 2831 - 2837.

[107] JIA H, LI D, ZHANG D, et al. High Color-Purity Red, Green, and Blue-Emissive Core-Shell Upconversion Nanoparticles Using Ternary Near-Infrared Quadrature Excitations [J]. ACS Appl Mater Inter, 2021, 13(3): 4402 - 4409.

[108] MEI S, ZHOU J, SUN H T, et al. Networking State of Ytterbium Ions Probing the Origin of Luminescence Quenching and Activation in Nanocrystals [J]. Adv Sci, 2021, 8(6): 2003325.

[109] SONG L, ZHAO N, XU F J. Hydroxyl-Rich Polycation Brushed Multifunctional Rare-Earth-Gold Core - Shell Nanorods for Versatile Therapy Platforms [J]. Adv Funct Mater, 2017, 27(32): 1701255.

[110] MIN Q, LEI J, GUO X, et al. Atomic-Level Passivation of Individual Upconversion Nanocrystal for Single Particle Microscopic Imaging [J]. Adv Funct Mater, 2020, 30(6): 1906137.

[111] ZHOU J, WEI Y, PAN Y, et al. A luminescent view of the clickable assembly of LnF_3 nanoclusters [J]. Nat Commun, 2021, 12(1): 2948.

[112] LV R, YANG P, HE F, et al. A Yolk-like Multifunctional Platform for Multimodal Imaging and Synergistic Therapy Triggered by a Single Near-Infrared Light [J]. ACS Nano, 2015, 9(2): 1630 - 1647.

[113] ZHA S, CHAU H F, CHAU W Y, et al. Dual-Targeting Peptide-Guided Approach for Precision Delivery and Cancer Monitoring by Using a Safe Upconversion Nanoplatform [J]. Adv Sci, 2021, 8(5): 2002919.

[114] ZHOU C, TU D, HAN S, et al. Enhancing multiphoton upconversion emissions through confined energy migration in lanthanide-doped Cs_2NaYF_6 nanoplatelets [J]. Nanoscale, 2021, 13(21): 9766 - 9772.

[115] ZHAO J, JIN D, SCHARTNER E P, et al. Single-nanocrystal sensitivity achieved by enhanced upconversion luminescence [J]. Nat Nanotechnol, 2013, 8(10): 729 - 734.

[116] FENG M, LV R, XIAO L, et al. Highly Erbium-Doped Nanoplatform with Enhanced Red Emission for Dual-Modal Optical-Imaging-Guided Photodynamic Therapy [J]. Inorg Chem, 2018, 57(23): 14594 - 14602.

[117] LV R, FENG M, LIU J, et al. Improved Red Emission and Short-Wavelength Infrared Luminescence under 808 nm Laser for Tumor Theranostics [J]. ACS Biomater Sci Eng, 2019, 5(9): 4683 - 4691.

[118] LIU D, LI G, DANG P, et al. Simultaneous Broadening and Enhancement of Cr^{3+} Photoluminescence in $LiIn_2SbO_6$ by Chemical Unit Cosubstitution: Night-Vision and Near-Infrared Spectroscopy Detection Applications [J]. Angew Chem Int Ed, 2021, 60(26): 14644 - 14649.

[119] LI Y B, JIANG M Y, XUE Z L, et al. 808 nm light triggered lanthanide nanoprobes with enhanced down-shifting emission beyond 1500 nm for imaging-guided resection surgery of tumor and vascular visualization [J]. Theranostics, 2020, 10(15): 6875 - 6885.

[120] CHEN G, DAMASCO J, QIU H, et al. Energy-Cascaded Upconversion in an Organic Dye-Sensitized Core/Shell Fluoride Nanocrystal [J]. Nano Lett, 2015, 15(11): 7400 - 7407.

[121] ZOU W, VISSER C, MADURO J A, et al. Broadband dye-sensitized upconversion of near-infrared light [J]. Nat Photonics, 2012, 6(8): 560 - 564.

[122] YIN D, LIU Y, TANG J, et al. Huge enhancement of upconversion luminescence by broadband dye sensitization of core/shell nanocrystals [J]. Dalton T, 2016, 45(34): 13392 - 13398.

[123] ZOU X, XU M, YUAN W, et al. A water-dispersible dye-sensitized upconversion nanocomposite modified with phosphatidylcholine for lymphatic imaging [J]. Chem Commun, 2016, 52(91): 13389 - 13392.

[124] SHAO W, CHEN G Y, KUZMIN A, et al. Tunable Narrow Band Emissions from Dye-Sensitized Core/Shell/Shell Nanocrystals in the Second Near-Infrared Biological Window [J]. J Am Chem Soc, 2016, 138(50): 16192 - 16195.

[125] HAN S, DENG R, GU Q, et al. Lanthanide-doped inorganic nanoparticles turn molecular triplet excitons bright [J]. Nature, 2020, 587(7835): 594 - 599.

[126] LV R, XIAO L, JIANG X, et al. Optimization of Red Luminescent Intensity in Eu^{3+}-Doped Lanthanide Phosphors Using Genetic Algorithm [J]. ACS Biomater Sci Eng, 2018, 4(12): 4378 - 4384.

[127] LV R, XIAO L, WANG Y, et al. Searching for the Optimized Luminescent Lanthanide Phosphor Using Heuristic Algorithms [J]. Inorg Chem, 2019, 58(9): 6458 - 6466.

[128] YANG F, WANG Y, JIANG X, et al. Optimized Multimetal Sensitized Phosphor for Enhanced Red Up-Conversion Luminescence by Machine Learning [J]. ACS Comb Sci, 2020, 22(5): 285 - 296.

[129] SHARMA A K, KAUR B. Fiber optic SPR sensing enhancement in NIR via optimum radiation damping catalyzed by 2D materials [J]. IEEE Photonic Tech L, 2018, 30(23): 2021 - 2024.

[130] LI M, CUSHING S K, WU N. Plasmon-enhanced optical sensors: a review [J]. Analyst, 2015, 140(2): 386 - 406.

[131] HUTTER E, FENDLER J H. Exploitation of localized surface plasmon resonance [J]. Adv Mater, 2004, 16(19): 1685 - 1706.

[132] DRAGAN A I, GEDDES C D. Metal-enhanced fluorescence: The role of quantum yield,

Q_0, in enhanced fluorescence [J]. Applied Physics Letters, 2012, 100(9): 093115.

[133] YIN Z, LI H, XU W, et al. Local field modulation induced three-order upconversion enhancement: combining surface plasmon effect and photonic crystal effect [J]. Adv Mater, 2016, 28(13): 2518-2525.

[134] MASSON J F. Surface Plasmon Resonance Clinical Biosensors for Medical Diagnostics [J]. ACS Sensors, 2017, 2(1): 16-30.

[135] AGRAWAL A, CHO S H, ZANDI O, et al. Localized surface plasmon resonance in semiconductor nanocrystals [J]. Chem Rev, 2018, 118(6): 3121-3207.

[136] AKSELROD G M, ARGYROPOULOS C, HOANG T B, et al. Probing the mechanisms of large Purcell enhancement in plasmonic nanoantennas [J]. Nature Photonics, 2014, 8(11): 835-840.

[137] OH E, HONG M Y, LEE D, et al. Inhibition assay of biomolecules based on fluorescence resonance energy transfer (FRET) between quantum dots and gold nanoparticles [J]. J Am Chem Soc, 2005, 127(10): 3270-3271.

[138] PRIYAM A, IDRIS N M, ZHANG Y. Gold nanoshell coated $NaYF_4$ nanoparticles for simultaneously enhanced upconversion fluorescence and darkfield imaging [J]. J Mater Chem, 2012, 22(3): 960-965.

[139] SUDHEENDRA L, ORTALAN V, DEY S, et al. Plasmonic enhanced emissions from cubic $NaYF_4$: Yb: Er/Tm nanophosphors [J]. Chem Mater, 2011, 23(11): 2987-2993.

[140] JOHNSON P B, CHRISTY R W. Optical constants of the noble metals [J]. Phys Rev B, 1972, 6(12): 4370.

[141] BEAMISH F E. The analytical chemistry of the noble metals [J]. Elsevier, 2013.

[142] RUBAN A, HAMMER B, STOLTZE P, et al. Surface electronic structure and reactivity of transition and noble metals [J]. J Mol Cataly A: Chem, 1997, 115(3): 421-429.

[143] MAHMOUD M A, QIAN W, EL-SAYED M A. Following charge separation on the nanoscale in Cu_2O - Au nanoframe hollow nanoparticles [J]. Nano Lett, 2011, 11(8): 3285-3289.

[144] SKRABALAK S E, CHEN J, SUN Y, et al. Gold nanocages: synthesis,

properties, and applications [J]. Acc Chem Res, 2008, 41(12): 1587 - 1595.

[145] WRIEDT T. Mie theory: a review [J]. Springer, 2012: 53 - 71.

[146] MISHCHENKO M I, TRAVIS L D, MACKOWSKI D W. T-matrix computations of light scattering by nonspherical particles: a review [J]. J Quant Spectrosc Ra, 1996, 55(5): 535 - 575.

[147] ALIMENTI F, MEZZANOTTE P, ROSELLI L, et al. Modal absorption in the FDTD method: A critical review [J]. Int J Numer Model: El, Devices and Fields, 1997, 10(4): 245 - 264.

[148] YEE K. Numerical solution of initial boundary value problems involving Maxwell's equations in isotropic media [J]. IEEE Transactions on antennas and propagation, 1966, 14(3): 302 - 307.

[149] YURKIN M A, HOEKSTRA A G. The discrete dipole approximation: an overview and recent developments [J]. J Quant Spectrosc Ra, 2007, 106(1/2/3): 558 - 589.

[150] DRAINE B T. The discrete-dipole approximation and its application to interstellar graphite grains [J]. Astrophys J, 1988, 333: 848 - 872.

[151] GOODMAN J J, DRAINE B T, FLATAU P J. Application of fast-Fourier-transform techniques to the discrete-dipole approximation [J]. Opt Lett, 1991, 16(15):1198 - 1200.

[152] DRAINE B T, GOODMAN J. Beyond Clausius-Mossotti-Wave propagation on a polarizable point lattice and the discrete dipole approximation [J]. Astrophys J, 1993, 405: 685 - 697.

[153] DRAINE B T, FLATAU P J. Discrete-dipole approximation for periodic targets: theory and tests [J]. Josaa, 2008, 25(11): 2693 - 2703.

[154] DRAINE B T, FLATAU P J. Discrete-dipole approximation for scattering calculations [J]. Josaa, 1994, 11(4): 1491 - 1499.

[155] FLATAU P, DRAINE B T. Fast near field calculations in the discrete dipole approximation for regular rectilinear grids [J]. Opt Express, 2012, 20(2): 1247 - 1252.

[156] PARK W, LU D, AHN S. Plasmon enhancement of luminescence upconversion [J]. Chem Soc Rev, 2015, 44(10): 2940 - 2962.

[157] LIU X, YUAN LEI D. Simultaneous excitation and emission enhancements in upconversion luminescence using plasmonic double-resonant gold nanorods [J]. Sci Rep, 2015, 5(1): 15235.

[158] WU D M, GARCíA-ETXARRI A, SALLEO A, et al. Plasmon-Enhanced Upconversion [J]. J Phys Chem Lett, 2014, 5(22): 4020 - 4031.

[159] MENDEZ-GONZALEZ D, MELLE S, CALDERóN O G, et al. Control of upconversion luminescence by gold nanoparticle size: from quenching to enhancement [J]. Nanoscale, 2019, 11(29): 13832 - 13844.

[160] DAS A, MAO C, CHO S, et al. Over 1000 - fold enhancement of upconversion luminescence using water-dispersible metal-insulator-metal nanostructures [J]. Nat Commun, 2018, 9(1): 4828.

[161] SCHIETINGER S, AICHELE T, WANG H Q, et al. Plasmon-Enhanced Upconversion in Single $NaYF_4$: Yb^{3+}/Er^{3+} Codoped Nanocrystals [J]. Nano Lett, 2010, 10(1): 134 - 138.

[162] ZHANG H, LI Y, IVANOV I A, et al. Plasmonic Modulation of the Upconversion Fluorescence in $NaYF_4$: Yb/Tm Hexaplate Nanocrystals Using Gold Nanoparticles or Nanoshells [J]. Angew Chem Int Ed, 2010, 49(16): 2865 - 2868.

[163] DONG J, GAO W, HAN Q, et al. Plasmon-enhanced upconversion photoluminescence: Mechanism and application [J]. Rev Phys, 2019, 4: 100026.

[164] RETTORI C, MARTíNEZ E D, URBANO R R. Thermoplasmonic enhancement of upconversion in small-size doped $NaGdYF_4$ nanoparticles coupled to gold nanostars [J]. Nanoscale, 2018, 10(30): 14687 - 14696.

[165] KOMPE K, BORCHERT H, STORZ J, et al. Green-emitting $CePO_4$: Tb/$LaPO_4$ core-shell nanoparticles with 70% photoluminescence quantum yield [J]. Angew Chem Int Ed, 2003, 42(44): 5513 - 5516.

[166] OSTROWSKI A D, CHAN E M, GARGAS D J, et al. Controlled Synthesis and Single-Particle Imaging of Bright, Sub-10 nm Lanthanide-Doped Upconverting Nanocrystals [J]. ACS Nano, 2012, 6(3): 2686 - 2692.

[167] SHEN J, CHEN G, OHULCHANSKYY T Y, et al. Tunable near infrared to ultraviolet upconversion luminescence enhancement in (alpha-$NaYF_4$: Yb, Tm)/

CaF_2 core/shell nanoparticles for in situ real-time recorded biocompatible photoactivation [J]. Small, 2013, 9(19): 3213 - 3217.

[168] YE S, CHEN G Y, SHAO W, et al. Tuning upconversion through a sensitizer/activator-isolated $NaYF_4$ core/shell structure [J]. Nanoscale, 2015, 7(9): 3976 - 3984.

[169] WANG F, WANG J, LIU X. Direct evidence of a surface quenching effect on size-dependent luminescence of upconversion nanoparticles [J]. Angew Chem Int Ed, 2010, 49(41): 7456 - 7460.

[170] JOHNSON N J, HE S, DIAO S, et al. Direct evidence for coupled surface and concentration quenching dynamics in lanthanide-doped nanocrystals [J]. J Am Chem Soc, 2017, 139(8): 3275 - 3282.

[171] ZHOU L, ZHENG X, GU Z, et al. Mesoporous $NaYbF_4$@$NaGdF_4$ core-shell up-conversion nanoparticles for targeted drug delivery and multimodal imaging [J]. Biomaterials, 2014, 35(26): 7666 - 7678.

[172] CHEN G, ÅGREN H, OHULCHANSKYY T Y, et al. Light upconverting core-shell nanostructures: nanophotonic control for emerging applications [J]. Chem Soc Rev, 2015, 44(6): 1680 - 1713.

[173] HOMANN C, KRUKEWITT L, FRENZEL F, et al. $NaYF_4$: Yb, Er/$NaYF_4$ Core/Shell Nanocrystals with High Upconversion Luminescence Quantum Yield [J]. Angew Chem Int Ed, 2018, 57(28): 8765 - 8769.

[174] CHEN G, OHULCHANSKYY T Y, LAW W C, et al. Monodisperse $NaYbF_4$: Tm^{3+}/$NaGdF_4$ core/shell nanocrystals with near-infrared to near-infrared upconversion photoluminescence and magnetic resonance properties [J]. Nanoscale, 2011, 3(5): 2003 - 2008.

[175] CHEN G, SHEN J, OHULCHANSKYY T Y, et al. (α-$NaYbF_4$: Tm^{3+})/CaF_2 Core/Shell Nanoparticles with Efficient Near-Infrared to Near-Infrared Upconversion for High-Contrast Deep Tissue Bioimaging [J]. ACS Nano, 2012, 6(9): 8280 - 8287.

[176] CHEN G Y, OHULCHANSKYY T Y, LIU S, et al. Core/Shell $NaGdF_4$: Nd^{3+}/$NaGdF_4$ Nanocrystals with Efficient Near-Infrared to Near-Infrared Downconversion Photoluminescence for Bioimaging Applications [J]. ACS Nano, 2012, 6(4): 2969 - 2977.

[177]　ZHONG Y, TIAN G, GU Z, et al. Elimination of Photon Quenching by a Transition Layer to Fabricate a Quenching-Shield Sandwich Structure for 800 nm Excited Upconversion Luminescence of Nd^{3+}-Sensitized Nanoparticles [J]. Adv Mater, 2014, 26(18): 2831 - 2837.

[178]　HAO S, CHEN G, YANG C, et al. Nd^{3+}-Sensitized multicolor upconversion luminescence from a sandwiched core/shell/shell nanostructure [J]. Nanoscale, 2017, 9(30): 10633 - 10638.

[179]　SHAO W, CHEN G, OHULCHANSKYY T Y, et al. Lanthanide-Doped Fluoride Core/Multishell Nanoparticles for Broadband Upconversion of Infrared Light [J]. Adv Opt Mater, 2015, 3(4): 575 - 582.

[180]　SHAO W, CHEN G, OHULCHANSKYY T Y, et al. A core-multiple shell nanostructure enabling concurrent upconversion and quantum cutting for photon management [J]. Nanoscale, 2017, 9(5): 1934 - 1941.

[181]　SUN W, YU J, DENG R, et al. Semiconducting Polymer Dots Doped with Europium Complexes Showing Ultranarrow Emission and Long Luminescence Lifetime for Time-Gated Cellular Imaging [J]. Angew Chem Int Ed, 2013, 52(43): 11294 - 11297.

[182]　JIN D, WU J, WANG G, et al. Luminescent europium nanoparticles with a wide excitation range from UV to visible light for biolabeling and time-gated luminescence bioimaging [J]. Chem Commun, 2008(3): 365 - 367.

[183]　WU J, YE Z, WANG G, et al. Visible-light-sensitized highly luminescent europium nanoparticles: preparation and application for time-gated luminescence bioimaging [J]. J Mater Chem, 2009, 19(9): 1258 - 1264.

[184]　YANG G, YANG D, YANG P, et al. A Single 808 nm Near-Infrared Light-Mediated Multiple Imaging and Photodynamic Therapy Based on Titania Coupled Upconversion Nanoparticles [J]. Chem Mater, 2015, 27(23): 7957 - 7968.

[185]　WANG Y F, LIU G Y, SUN L D, et al. Nd^{3+}-Sensitized Upconversion Nanophosphors: Efficient In Vivo Bioimaging Probes with Minimized Heating Effect [J]. ACS Nano, 2013, 7(8): 7200 - 7206.

[186]　SHANG Y, HAO S, YANG C, et al. Enhancing Solar Cell Efficiency Using Photon Upconversion Materials [J]. Nanomaterials, 2015, 5(4): 1782 - 1809.

[187] YANG G, LV R, HE F, et al. A core/shell/satellite anticancer platform for 808 NIR light-driven multimodal imaging and combined chemo-/photothermal therapy [J]. Nanoscale, 2015, 7(32): 13747-13758.

[188] ZHONG Y, ROSTAMI I, WANG Z, et al. Energy Migration Engineering of Bright Rare-Earth Upconversion Nanoparticles for Excitation by Light-Emitting Diodes [J]. Adv Mater, 2015, 27(41): 6418-6422.

[189] HUANG Y, ZHAO Y, LIU Y, et al. Erbium-doped tungsten selenide nanosheets with near-infrared II emission and photothermal conversion [J]. Chem Eng J, 2021, 411: 128610.

[190] LIU J, GEIREGAT P, PILIA L, et al. Molecular Size Matters: Ultrafast Dye Singlet Sensitization Pathways to Bright Nanoparticle Emission [J]. Adv Opt Mater, 2021, 9(7): 2001678.

[191] CHEN G Y, SHAO W, VALIEV R R, et al. Efficient Broadband Upconversion of Near-Infrared Light in Dye-Sensitized Core/Shell Nanocrystals [J]. Adv Opt Mater, 2016, 4(11): 1760-1766.

[192] WANG X, VALIEV R R, OHULCHANSKYY T Y, et al. Dye-sensitized lanthanide-doped upconversion nanoparticles [J]. Chem Soc Rev, 2017, 46(14): 4150-4167.

[193] WEN S, ZHOU J, SCHUCK P J, et al. Future and challenges for hybrid upconversion nanosystems [J]. Nat Photonics, 2019, 13(12): 828-838.

[194] GARFIELD D J, BORYS N J, HAMED S M, et al. Enrichment of molecular antenna triplets amplifies upconverting nanoparticle emission [J]. Nat Photonics, 2018, 12(7): 402-407.

[195] XUE B, WANG D, TU L, et al. Ultrastrong Absorption Meets Ultraweak Absorption: Unraveling the Energy-Dissipative Routes for Dye-Sensitized Upconversion Luminescence [J]. J Phys Chem Lett, 2018, 9(16): 4625-4631.

[196] CARLOS L D, FERREIRA R A S, BERMUDEZ V D Z, et al. Progress on lanthanide-based organic-inorganic hybrid phosphors [J]. Chem Soc Rev, 2011, 40(2): 536-549.

[197] ESCUDERO A, BECERRO A I, CARRILLO-CARRION C, et al. Rare earth based nanostructured materials: synthesis, functionalization, properties and

bioimaging and biosensing applications [J]. Nanophotonics, 2017, 6(5): 881 - 921.

[198] ZOU X, ZHOU X, CAO C, et al. Dye-sensitized upconversion nanocomposites for ratiometric semi-quantitative detection of hypochlorite in vivo [J]. Nanoscale, 2019, 11(6): 2959 - 2965.

[199] BI W B, WU Y J, CHEN C, et al. Dye Sensitization and Local Surface Plasmon Resonance-Enhanced Upconversion Luminescence for Efficient Perovskite Solar Cells [J]. ACS Appl Mater Inter, 2020, 12(22): 24737 - 24746.

[200] CHEN G, SHAO W, VALIEV R R, et al. Efficient Broadband Upconversion of Near-Infrared Light in Dye-Sensitized Core/Shell Nanocrystals [J]. Adv Opt Mater, 2016, 4(11): 1760 - 1766.

[201] SUN L D, WANG Y F, YAN C H. Paradigms and Challenges for Bioapplication of Rare Earth Upconversion Luminescent Nanoparticles: Small Size and Tunable Emission/Excitation Spectra [J]. Acc Chem Res, 2014, 47(4): 1001 - 1009.

[202] HAN S Y, DENG R R, GU Q F, et al. Lanthanide-doped inorganic nanoparticles turn molecular triplet excitons bright [J]. Nature, 2020, 587(7835): 594 - 599.

[203] CHEN G, DAMASCO J, QIU H, et al. Energy-Cascaded Upconversion in an Organic Dye-Sensitized Core/Shell Fluoride Nanocrystal [J]. Nano Lett, 2015, 15(11): 7400 - 7407.

[204] WEI W, CHEN G Y, BAEV A, et al. Alleviating Luminescence Concentration Quenching in Upconversion Nanoparticles through Organic Dye Sensitization [J]. J Am Chem Soc, 2016, 138(46): 15130 - 15133.

[205] WANG D, KUZMIN A, PLISS A, et al. ICG-Sensitized $NaYF_4$: Er Nanostructure for Theranostics [J]. Adv Opt Mater, 2018, 6(12): 1701142.

[206] WANG D, KUZMIN A, PLISS A, et al. ICG-Sensitized $NaYF_4$: Er Nanostructure for Theranostics [J]. Adv Opt Mater, 2018, 6(12): 1701142.

[207] YUAN C, CHEN G, LI L, et al. Simultaneous Multiple Wavelength Upconversion in a Core - Shell Nanoparticle for Enhanced Near Infrared Light Harvesting in a Dye-Sensitized Solar Cell [J]. ACS Appl Mater Inter, 2014, 6(20):18018 - 18025.

[208] WEI W, CHEN G, BAEV A, et al. Alleviating Luminescence Concentration

Quenching in Upconversion Nanoparticles through Organic Dye Sensitization [J]. J Am Chem Soc, 2016, 138(46): 15130－15133.

[209] HAZRA C, ULLAH S, SERGE CORREALES Y E, et al. Enhanced NIR-Ⅰ emission from water-dispersible NIR-Ⅱ dye-sensitized core/active shell upconverting nanoparticles [J]. J Mater Chem C, 2018, 6(17): 4777－4785.

[210] LIANG T, WANG Q, LI Z, et al. Removing the Obstacle of Dye-Sensitized Upconversion Luminescence in Aqueous Phase to Achieve High-Contrast Deep Imaging In Vivo [J]. Adv Funct Mater, 2020, 30(16): 1910765.

[211] SUN G, XIE Y, SUN L, et al. Lanthanide upconversion and downshifting luminescence for biomolecules detection [J]. Nanoscale Horizons, 2021, 6(10): 766－780.

[212] LIU J, LI X, HAN Y, et al. Synergetic Effect of Tetraethylammonium Bromide Addition on the Morphology Evolution and Enhanced Photoluminescence of Rare-Earth Metal-Organic Frameworks [J]. Inorg Chem, 2020, 59(19): 14318－14325.

[213] BANG A, SADEKAR A G, BUBACK C, et al. Evaluation of Dysprosia Aerogels as Drug Delivery Systems: A Comparative Study with Random and Ordered Mesoporous Silicas [J]. ACS Appl Mater Inter, 2014, 6(7): 4891－4902.

[214] ZHANG X, LI B, MA H, et al. Metal－Organic Frameworks Modulated by Doping Er^{3+} for Up-Conversion Luminescence [J]. ACS Appl Mater Inter, 2016, 8(27): 17389－17394.

[215] XIA J, XUE Y, LEI B, et al. Multimodal channel cancer chemotherapy by 2D functional gadolinium metal-organic framework [J]. Nat Sci Rev, 2021, 8(7): nwaa221.

[216] VAN VEGGEL, FRANK C J M. Near-Infrared Quantum Dots and Their Delicate Synthesis, Challenging Characterization, and Exciting Potential Applications [J]. Chem Mater, 2014, 26(1): 111－122.

[217] ZHANG F, ZHAO D. Synthesis of Uniform Rare Earth Fluoride ($NaMF_4$) Nanotubes by In Situ Ion Exchange from Their Hydroxide $M(OH)_3$ Parents [J]. ACS Nano, 2009, 3(1): 159－164.

[218] GUAN M, ZHOU Z, MEI L, et al. Direct cation exchange of surface ligand capped upconversion nanocrystals to produce strong luminescence [J]. Chem

Commun, 2018, 54(69): 9587 - 9590.

[219] LV R, ZHONG C, LI R, et al. Multifunctional Anticancer Platform for Multimodal Imaging and Visible Light Driven Photodynamic/Photothermal Therapy [J]. Chem Mater, 2015, 27(5): 1751 - 1763.

[220] XU F, ZHAO Y, HU M, et al. Lanthanide-doped core-shell nanoparticles as a multimodality platform for imaging and photodynamic therapy [J]. Chem Commun, 2018, 54(68): 9525 - 9528.

[221] JEONG K, KIM D, KIM H J, et al. Photoechogenic Inflatable Nanohybrids for Upconversion-Mediated Sonotheranostics [J]. ACS Nano, 2021, 15(11): 18394 - 18402.

[222] SI R, ZHANG Y W, ZHOU H P, et al. Controlled-synthesis, self-assembly behavior, and surface-dependent optical properties of high-quality rare-earth oxide nanocrystals [J]. Chem Mater, 2007, 19(1): 18 - 27.

[223] ZHOU J, LIU Z, LI F. Upconversion nanophosphors for small-animal imaging [J]. Chem Soc Rev, 2012, 41(3): 1323 - 1349.

[224] KONG W, SUN T, CHEN B, et al. A general strategy for ligand exchange on upconversion nanoparticles [J]. Inorg Chem, 2017, 56(2): 872 - 877.

[225] VETRONE F, NACCACHE R, MAHALINGAM V, et al. The active-core/active-shell approach: A strategy to enhance the upconversion luminescence in lanthanide-doped nanoparticles [J]. Adv Funct Mater, 2009, 19(18): 2924 - 2929.

[226] CHAN E M, LEVY E S, COHEN B E. Rationally designed energy transfer in upconverting nanoparticles [J]. Adv Mater, 2015, 27(38): 5753 - 5761.

[227] LIU Y, TU D, ZHU H, et al. Lanthanide-doped luminescent nanoprobes: controlled synthesis, optical spectroscopy, and bioapplications [J]. Chem Soc Rev, 2013, 42(16): 6924 - 6958.

[228] MAI H X, ZHANG Y W, SUN L D, et al. Orderly aligned and highly luminescent monodisperse rare-earth orthophosphate nanocrystals synthesized by a limited anion-exchange reaction [J]. Chem Mater, 2007, 19(18): 4514 - 4522.

[229] LIU B, WANG Q, YU S, et al. Double shelled hollow nanospheres with dual noble metal nanoparticle encapsulation for enhanced catalytic application [J]. Nanoscale, 2013, 5(20): 9747 - 9757.

[230] LIU J, BU W, PAN L, et al. NIR-triggered anticancer drug delivery by upconverting nanoparticles with integrated azobenzene-modified mesoporous silica [J]. Angew Chem Int Ed, 2013, 52(16): 4375 - 4379.

[231] ZHAO W, GU J, ZHANG L, et al. Fabrication of uniform magnetic nanocomposite spheres with a magnetic core/mesoporous silica shell structure [J]. J Am Chem Soc, 2005, 127(25): 8916 - 8917.

[232] LIU J N, BU W B, SHI J L. Silica coated upconversion nanoparticles: a versatile platform for the development of efficient theranostics [J]. Acc Chem Res, 2015, 48(7): 1797 - 1805.

[233] HE Q, SHI J. Mesoporous silica nanoparticle based nano drug delivery systems: synthesis, controlled drug release and delivery, pharmacokinetics and biocompatibility [J]. J Mater Chem, 2011, 21(16): 5845 - 5855.

[234] TREWYN B G, GIRI S, SLOWING I I, et al. Mesoporous silica nanoparticle based controlled release, drug delivery, and biosensor systems [J]. Chem Commun, 2007(31): 3236 - 3245.

[235] SUN Q, YOU Q, WANG J, et al. Theranostic nanoplatform: triple-modal imaging-guided synergistic cancer therapy based on liposome-conjugated mesoporous silica nanoparticles [J]. ACS Appl Mater Int, 2018, 10(2): 1963 - 1975.

[236] YANG D, YANG G, WANG X, et al. Y_2O_3: Yb, Er@mSiO$_2$ - Cu$_x$S double-shelled hollow spheres for enhanced chemo-/photothermal anti-cancer therapy and dual-modal imaging [J]. Nanoscale, 2015, 7(28): 12180 - 12191.

[237] LV R, YANG F, JIANG X, et al. Plasmonic modulated upconversion fluorescence by adjustable distributed gold nanoparticles [J]. J Lumin, 2020, 220: 116974.

[238] LIN B, WU J, WANG Y, et al. Peptide functionalized upconversion/NIR Ⅱ luminescent nanoparticles for targeted imaging and therapy of oral squamous cell carcinoma [J]. Biomater Sci, 2021, 9(3): 1000 - 1007.

[239] DANHIER F, FERON O, PREAT V. To exploit the tumor microenvironment: Passive and active tumor targeting of nanocarriers for anti-cancer drug delivery [J]. J Controlled Release, 2010, 148(2): 135 - 146.

[240] LIU J, LUO Z, ZHANG J, et al. Hollow mesoporous silica nanoparticles facilitated drug delivery via cascade pH stimuli in tumor microenvironment for tumor therapy [J]. Biomaterials, 2016, 83: 51 - 65.

[241] ZHAO H, ZHAO H, JIAO Y, et al. Biosynthetic molecular imaging probe for tumor-targeted dual-modal fluorescence/magnetic resonance imaging [J]. Biomaterials, 2020, 256: 120220.

[242] PARK W B, SINGH S P, SOHN K S. Discovery of a Phosphor for Light Emitting Diode Applications and Its Structural Determination, $Ba(Si, Al)_5(O, N)_8: Eu^{2+}$ [J]. J Am Chem Soc, 2014, 136(6): 2363 - 2373.

[243] REN F, DING L, LIU H, et al. Ultra-small nanocluster mediated synthesis of Nd^{3+}-doped core-shell nanocrystals with emission in the second near-infrared window for multimodal imaging of tumor vasculature [J]. Biomaterials, 2018, 175: 30 - 43.

[244] SHANMUGAM V, SELVAKUMAR S, YEH C S. Near-infrared light-responsive nanomaterials in cancer therapeutics [J]. Chem Soc Rev, 2014, 43(17): 6254 - 6287.

[245] CONNALLY R, JIN D, PIPER J. High intensity solid-state UV source for time-gated luminescence microscopy [J]. Cytometry Part A, 2006, 69A(9): 1020 - 1027.

[246] HENG K L, JIN H M, LI Y, et al. Computer aided design of NiMH electrodes [J]. J Mater Chem, 1999, 9(3): 837 - 843.

[247] YAN L, ZHOU B, SONG N, et al. Self-sensitization induced upconversion of Er^{3+} in core - shell nanoparticles [J]. Nanoscale, 2018, 10(37): 17949 - 17957.

[248] ZHAO E, LAM J W Y, HONG Y, et al. How do substituents affect silole emission? [J]. J Mater Chem C, 2013, 1(36): 5661 - 5668.

[249] LU W, GUO N, JIA Y, et al. Tunable Color of $Ce^{3+}/Tb^{3+}/Mn^{2+}$-Coactivated $CaScAlSiO_6$ via Energy Transfer: A Single-Component Red/White-Emitting Phosphor [J]. Inorg Chem, 2013, 52(6): 3007 - 3012.

[250] GAO W, LIU S, HUANG L. A global best artificial bee colony algorithm for global optimization [J]. J Comput Appl Math 2012, 236(11): 2741 - 2753.

[251] LIU H W, WANG X H, LIU S Y. The application of nonlinear programming for multiuser detection in CDMA [J]. IEEE T Wirel Commun, 2004, 3(1): 8 - 11.

[252] SHERIDAN P M, CAI F, DU C, et al. Sparse coding with memristor networks [J]. Nat Nanotechnol, 2017, 12(8): 784-789.

[253] CHERKASOV A, MURATOV E N, FOURCHES D, et al. QSAR Modeling: Where Have You Been? Where Are You Going To? [J]. J Med Chem, 2014, 57(12): 4977-5010.

[254] JUNG M, REICHSTEIN M, CIAIS P, et al. Recent decline in the global land evapotranspiration trend due to limited moisture supply [J]. Nature, 2010, 467(7318): 951-954.

[255] QIAN L, WINFREE E, BRUCK J. Neural network computation with DNA strand displacement cascades [J]. Nature, 2011, 475(7356): 368-372.

[256] ROETTIG M, MEDEMA M H, BLIN K, et al. NRPSpredictor2 - a web server for predicting NRPS adenylation domain specificity [J]. Nucleic Acids Res, 2011, 39: W362-W367.

[257] POINTS L J, TAYLOR J W, GRIZOU J, et al. Artificial intelligence exploration of unstable protocells leads to predictable properties and discovery of collective behavior [J]. Proc Natl Acad Sci, 2018, 115(5): 885-890.

[258] MOELLER J J, KOERNER W, KRUGEL G, et al. Compositional optimization of hard-magnetic phases with machine-learning models [J]. Acta Mater, 2018, 153: 53-61.

[259] SAKURAI M, WANG R, LIAO T, et al. Discovering rare-earth-free magnetic materials through the development of a database [J]. Phys Rev Mater, 2020, 4(11):114408.

[260] NELSON J, SANVITO S. Predicting the Curie temperature of ferromagnets using machine learning [J]. Phys Rev Mater, 2019, 3(10): 104405.

[261] HALDER A, ROM S, GHOSH A, et al. Prediction of the Properties of the Rare-Earth Magnets $Ce_2Fe_{17-x}Co_xCN$: A Combined Machine-Learning and Ab Initio Study [J]. Phys Rev Appl, 2020, 14(3): 034024.

[262] XINYU C, YINGBO Z, JIAHENG L, et al. Composition design of 7XXX aluminum alloys optimizing stress corrosion cracking resistance using machine learning [J]. Mater Res Express, 2020, 7(4): 046506.

[263] SOHN K S, LEE J M, SHIN N. A Search for New Red Phosphors Using a Computational Evolutionary Optimization Process [J]. Adv Mater, 2003, 15(24):2081-2084.

[264] SOHN K S, PARK D H, CHO S H, et al. Computational evolutionary optimization of red phosphor for use in tricolor white LEDs [J]. Chem Mater, 2006, 18(7): 1768-1772.

[265] CHEN L, CHEN K J, LIN C C, et al. Combinatorial Approach to the Development of a Single Mass YVO_4: Bi^{3+}, Eu^{3+} Phosphor with Red and Green Dual Colors for High Color Rendering White Light-Emitting Diodes [J]. J Comb Chem, 2010, 12(4): 587-594.

[266] PARK W B, SHIN N, HONG K P, et al. A New Paradigm for Materials Discovery: Heuristics-Assisted Combinatorial Chemistry Involving Parameterization of Material Novelty [J]. Adv Funct Mater, 2012, 22(11): 2258-2266.

[267] SOHN K S, KIM B I, SHIN N. Genetic algorithm-assisted combinatorial search for new red phosphors of high efficiency at soft ultraviolet excitation [J]. J Electrochem Soc, 2004, 151(12): H243-H248.

[268] WANG Y, LU W D, LIN B, et al. An optimized lanthanide-chlorophyll nanocomposite for dual-modal imaging-guided surgery navigation and anti-cancer theranostics [J]. Biomater Sci, 2020, 8(5): 1270-1278.

[269] ZHUO Y, HARIYANI S, YOU S, et al. Machine learning 5d-level centroid shift of Ce^{3+} inorganic phosphors [J]. J Appl Phys, 2020, 128(1): 013104.

[270] MEKKI-BERRADA F, REN Z, HUANG T, et al. Two-step machine learning enables optimized nanoparticle synthesis [J]. NPJ Comput Mater, 2021, 7(1):55.

[271] MIDTVEDT B, OLSEN E, EKLUND F, et al. Fast and Accurate Nanoparticle Characterization Using Deep-Learning-Enhanced Off-Axis Holography [J]. ACS Nano, 2021, 15(2): 2240-2250.

[272] MA Z, WANG F, WANG W, et al. Deep learning for in vivo near-infrared imaging [J]. Proc Natl Acad Sci, 2021, 118(1): 10.

[273] BENGTSSON E, TARNOK A. Special Section on Image Cytometry [J]. Cytometry Part A, 2019, 95A(4): 363-365.

[274] ZHANG D, DONG Y, LI D, et al. Growth regularity and phase diagrams of $NaLu_{0.795-x}Y_xF_4$ upconversion nanocrystals synthesized by automatic nanomaterial synthesizer [J]. Nano Res, 2021, 14(12): 4760 - 4767.

[275] WEBER W A, CZERNIN J, ANDERSON C J, et al. The Future of Nuclear Medicine, Molecular Imaging, and Theranostics [J]. J Nucl Med, 2020, 61(Supplement 2): 263S-272S.

[276] SONG Y P, LU M Y, MANDL G A, et al. Energy Migration Control of Multimodal Emissions in an Er^{3+}-Doped Nanostructure for Information Encryption and Deep-Learning Decoding [J]. Angew Chem Int Edit, 2021, 60(44):23790 - 23796.

[277] SKREDE O J, DE RAEDT S, KLEPPE A, et al. Deep learning for prediction of colorectal cancer outcome: a discovery and validation study [J]. Lancet, 2020, 395(10221): 350 - 360.

[278] LI S, JIANG H, YAO Y D, et al. Structure convolutional extreme learning machine and case-based shape template for HCC nucleus segmentation [J]. Neurocomputing, 2018, 312: 9 - 26.

[279] WEI J W, TAFE L J, LINNIK Y A, et al. Pathologist-level classification of histologic patterns on resected lung adenocarcinoma slides with deep neural networks [J]. Sci Rep, 2019, 9(1): 3358.

[280] RIM T H, LEE G, KIM Y, et al. Prediction of systemic biomarkers from retinal photographs: development and validation of deep-learning algorithms [J]. Lancet Digit Health, 2020, 2(10): e526 - e536.

[281] GAMBINI J P, QUINN T P. Hybrid tracers and devices for intraoperative imaging: the future for radioguided surgery? [J]. Clin Transl Imaging, 2016, 4(5): 343 - 351.

[282] BANSAL A, YANG F, XI T, et al. In vivo wireless photonic photodynamic therapy [J]. Proc Nat Acad Sci, 2018, 115(7): 1469 - 1474.

[283] YU J, ZHANG Y, YE Y, et al. Microneedle-array patches loaded with hypoxia-sensitive vesicles provide fast glucose-responsive insulin delivery [J]. Proc Natl Acad Sci, 2015, 112(27): 8260 - 8265.

[284] CHEN Z, LI H, BIAN Y, et al. Bioorthogonal catalytic patch [J]. Nat Nanotechnol, 2021, 16(8): 933-941.

[285] GENG X, XU J, XIAO J, et al. A simple simulated annealing algorithm for the maximum clique problem [J]. Inform Sci, 2007, 177(22): 5064-5071.

[286] LV R, ZHONG C, GULZAR A, et al. Synthesis, luminescence, and anti-tumor properties of $MgSiO_3$: Eu-DOX-DPP-RGD hollow microspheres [J]. Dalton T, 2015, 44(42): 18585-18595.

[287] CHEN G, OHULCHANSKYY T Y, KUMAR R, et al. Ultrasmall Monodisperse $NaYF_4$: Yb^{3+}/Tm^{3+} Nanocrystals with Enhanced Near-Infrared to Near-Infrared Upconversion Photoluminescence [J]. ACS Nano, 2010, 4(6): 3163-3168.

[288] ZAKO T, YOSHIMOTO M, HYODO H, et al. Cancer-targeted near infrared imaging using rare earth ion-doped ceramic nanoparticles [J]. Biomater Sci, 2015, 3(1): 59-64.

[289] NYK M, KUMAR R, OHULCHANSKYY T Y, et al. High Contrast in Vitro and in Vivo Photoluminescence Bioimaging Using Near Infrared to Near Infrared Up-Conversion in Tm^{3+} and Yb^{3+} Doped Fluoride Nanophosphors [J]. Nano Lett, 2008, 8(11): 3834-3838.

[290] DAMASCO J A, CHEN G, SHAO W, et al. Size-Tunable and Monodisperse Tm^{3+}/Gd^{3+}-Doped Hexagonal $NaYbF_4$ Nanoparticles with Engineered Efficient Near Infrared-to-Near Infrared Upconversion for In Vivo Imaging [J]. ACS Appl Mater Int, 2014, 6(16): 13884-13893.

[291] BOLTERSDORF T, GAVINS F N E, LONG N J. Long-lived lanthanide emission via a pH-sensitive and switchable LRET complex [J]. Chem Sci, 2021, 12(25): 8740-8745.

[292] SU P R, LIANG L J, WANG T, et al. AIE-based Tb^{3+} complex self-assembled nanoprobe for ratiometric fluorescence detection of anthrax spore biomarker in water solution and actual spore samples [J]. Chem Eng J, 2021, 413: 9.

[293] LIU J, LIU Y, BU W, et al. Ultrasensitive Nanosensors Based on Upconversion Nanoparticles for Selective Hypoxia Imaging in Vivo upon Near-Infrared Excitation [J]. J Am Chem Soc, 2014, 136(27): 9701-9709.

[294] ZHONG Y, MA Z, ZHU S, et al. Boosting the down-shifting luminescence of rare-earth nanocrystals for biological imaging beyond 1500 nm [J]. Nat Commun, 2017, 8(1): 737.

[295] KAMIMURA M, KANAYAMA N, TOKUZEN K, et al. Near-infrared (1550 nm) in vivo bioimaging based on rare-earth doped ceramic nanophosphors modified with PEG-b-poly(4 - vinylbenzylphosphonate) [J]. Nanoscale, 2011, 3(9): 3705 - 3713.

[296] WANG C L, LIN H X, GE X G, et al. Dye-Sensitized Downconversion Nanoprobes with Emission Beyond 1500 nm for Ratiometric Visualization of Cancer Redox State [J]. Adv Funct Mater, 2021, 31(16): 11.

[297] LI B, LU L, ZHAO M, et al. An Efficient 1064 nm NIR-Ⅱ Excitation Fluorescent Molecular Dye for Deep-Tissue High-Resolution Dynamic Bioimaging [J]. Angew Chem Int Edit, 2018, 57(25): 7483 - 7487.

[298] DONG H, SUN L D, YAN C H. Lanthanide-Doped Upconversion Nanoparticles for Super-Resolution Microscopy [J]. Front Chem, 2021, 8: 619377.

[299] DONG H, SUN L D, YAN C H. Upconversion emission studies of single particles [J]. Nano Today, 2020, 35: 100956.

[300] ZHAN Q, LIU H, WANG B, et al. Achieving high-efficiency emission depletion nanoscopy by employing cross relaxation in upconversion nanoparticles [J]. Nat Commun, 2017, 8(1): 1058.

[301] LIANG L, FENG Z, ZHANG Q, et al. Continuous-wave near-infrared stimulated-emission depletion microscopy using downshifting lanthanide nanoparticles [J]. Nat Nanotechnol, 2021, 16(9): 975 - 980.

[302] JIANG N, FAN J L, ZHANG S, et al. Dual mode monitoring probe for mitochondrial viscosity in single cell [J]. Sensor Actuat B-Chem, 2014, 190: 685 - 693.

[303] DENG R, LIU X. Optical Multiplexing: Tunable lifetime nanocrystals [J]. Nat Photonics, 2014, 8(1): 10 - 12.

[304] CHEN M, WU Y, LIU Y, et al. A phosphorescent iridium(III) solvent complex for multiplex assays of cell death [J]. Biomaterials, 2014, 35(30): 8748 - 8755.

[305] WANG L X, CHEN T S, QU J L, et al. Photobleaching-Based Quantitative

Analysis of Fluorescence Resonance Energy Transfer inside Single Living Cell [J]. J Fluoresc, 2010, 20(1): 27 - 35.

[306] PAN W L, QU J L, CHEN T S, et al. FLIM and emission spectral analysis of caspase-3 activation inside single living cell during anticancer drug-induced cell death [J]. Eur Biophys J Biophy, 2009, 38(4): 447 - 456.

[307] JIN D, CONNALLY R, PIPER J. Practical time-gated luminescence flow cytometry. II: Experimental evaluation using UV LED excitation [J]. Cytometry Part A, 2007, 71A(10): 797 - 808.

[308] JIANG H, WANG G, ZHANG W, et al. Preparation and Time-Resolved Luminescence Bioassay Application of Multicolor Luminescent Lanthanide Nanoparticles [J]. J Fluoresc, 2010, 20(1): 321 - 328.

[309] JIANG L, WU J, WANG G, et al. Development of a Visible-Light-Sensitized Europium Complex for Time-Resolved Fluorometric Application [J]. Anal Chem, 2010, 82(6): 2529 - 2535.

[310] JIN D, PIPER J A. Time-Gated Luminescence Microscopy Allowing Direct Visual Inspection of Lanthanide-Stained Microorganisms in Background-Free Condition [J]. Anal Chem, 2011, 83(6): 2294 - 2300.

[311] PLISS A, ZHAO L L, OHULCHANSKYY T Y, et al. Fluorescence Lifetime of Fluorescent Proteins as an Intracellular Environment Probe Sensing the Cell Cycle Progression [J]. ACS Chem Biol, 2012, 7(8): 1385 - 1392.

[312] PLISS A, LEVCHENKO S M, LIU L, et al. Cycles of protein condensation and discharge in nuclear organelles studied by fluorescence lifetime imaging [J]. Nat Commun, 2019, 10(1): 455.

[313] LI H, TAN M, WANG X, et al. Temporal Multiplexed in Vivo Upconversion Imaging [J]. J Am Chem Soc, 2020, 142(4): 2023 - 2030.

[314] YANG Z G, SHARMA A, QI J, et al. Super-resolution fluorescent materials: an insight into design and bioimaging applications [J]. Chem Soc Rev, 2016, 45(17): 4651 - 4667.

[315] WANG L V, YAO J. A practical guide to photoacoustic tomography in the life sciences [J]. Nat Methods, 2016, 13(8): 627 - 638.

[316] LIU Z, LI Z H, LIU J H, et al. Long-circulating Er^{3+}-doped Yb_2O_3 up-conversion nanoparticle as an in vivo X-Ray CT imaging contrast agent [J]. Biomaterials, 2012, 33(28): 6748 - 6757.

[317] HU Z, FANG C, LI B, et al. First-in-human liver-tumour surgery guided by multispectral fluorescence imaging in the visible and near-infrared-I/II windows [J]. Nat Biomed Eng, 2020, 4(3): 259 - 271.

[318] NACZYNSKI D J, TAN M C, ZEVON M, et al. Rare-earth-doped biological composites as in vivo shortwave infrared reporters [J]. Nat Commun, 2013, 4: 10.

[319] LIU K, WANG Y, KONG X, et al. Multispectral upconversion luminescence intensity ratios for ascertaining the tissue imaging depth [J]. Nanoscale, 2014, 6(15): 9257 - 9263.

[320] AI X, WANG Z, CHEONG H, et al. Multispectral optoacoustic imaging of dynamic redox correlation and pathophysiological progression utilizing upconversion nanoprobes [J]. Nat Commun, 2019, 10(1): 1087.

[321] SVENMARKER P, XU C T, LIU H, et al. Multispectral guided fluorescence diffuse optical tomography using upconverting nanoparticles [J]. Appl Phys Lett, 2014, 104(7): 073703.

[322] LONG F, INTES X. Dental optical tomography with upconversion nanoparticles-a feasibility study [J]. J Biomed Opt, 2017, 22(6): 66001.

[323] XU J, GULZAR A, YANG P, et al. Recent advances in near-infrared emitting lanthanide-doped nanoconstructs: Mechanism, design and application for bioimaging [J]. Coord Chem Rev, 2019, 381: 104 - 134.

[324] KUMAR R, NYK M, OHULCHANSKYY T Y, et al. Combined Optical and MR Bioimaging Using Rare Earth Ion Doped $NaYF_4$ Nanocrystals [J]. Adv Funct Mater, 2009, 19(6): 853 - 859.

[325] GRUNERT B, SAATZ J, HOFFMANN K, et al. Multifunctional Rare-Earth Element Nanocrystals for Cell Labeling and Multimodal Imaging [J]. ACS Biomater Sci Eng, 2018, 4(10): 3578 - 3587.

[326] LIU J, BU J, BU W, et al. Real-Time In Vivo Quantitative Monitoring of Drug

Release by Dual-Mode Magnetic Resonance and Upconverted Luminescence Imaging [J]. Angew Chem Int Ed, 2014, 53(18): 4551 - 4555.

[327] PAIK T, CHACKO A M, MIKITSH J L, et al. Shape-Controlled Synthesis of Isotopic Yttrium-90 - Labeled Rare Earth Fluoride Nanocrystals for Multimodal Imaging [J]. ACS Nano, 2015, 9(9): 8718 - 8728.

[328] BRAZ A K S, MOURA D S, GOMES A S L, et al. TiO_2-coated fluoride nanoparticles for dental multimodal optical imaging [J]. J Biophotonics, 2018, 11(4): e201700029.

[329] LV R, YANG P, CHEN G, et al. Dopamine-mediated photothermal theranostics combined with up-conversion platform under near infrared light [J]. Sci Rep, 2017, 7(1): 13562.

[330] ZHOU J, SUN Y, DU X, et al. Dual-modality in vivo imaging using rare-earth nanocrystals with near-infrared to near-infrared (NIR-to-NIR) upconversion luminescence and magnetic resonance properties [J]. Biomaterials, 2010, 31(12): 3287 - 3295.

[331] XU H, CHENG L, WANG C, et al. Polymer encapsulated upconversion nanoparticle/iron oxide nanocomposites for multimodal imaging and magnetic targeted drug delivery [J]. Biomaterials, 2011, 32(35): 9364 - 9373.

[332] DASH A, BLASIAK B, TOMANEK B, et al. Target-Specific Magnetic Resonance Imaging of Human Prostate Adenocarcinoma Using $NaDyF_4$-$NaGdF_4$ Core-Shell Nanoparticles [J]. ACS Appl Mate Int, 2021, 13(21): 24345 - 24355.

[333] ZHU M, ZHANG H, RAN G, et al. Metal Modulation: An Easy-to-Implement Tactic for Tuning Lanthanide Phototheranostics [J]. J Am Chem Soc, 2021, 143(19): 7541 - 7552.

[334] CHEN G, ROY I, YANG C, et al. Nanochemistry and Nanomedicine for Nanoparticle-based Diagnostics and Therapy [J]. Chem Rev, 2016, 116(5): 2826 - 2885.

[335] HU Z, QU Y, WANG K, et al. In vivo nanoparticle-mediated radiopharmaceutical-excited fluorescence molecular imaging [J]. Nat Commun, 2015, 6: 7560.

[336] ZHANG Q, PRATT E C, TAMURA R, et al. Ultrasmall Downconverting

Nanoparticle for Enhanced Cerenkov Imaging [J]. Nano Lett, 2021, 21(10): 4217-4224.

[337] REINECK P, GIBSON B C. Near-Infrared Fluorescent Nanomaterials for Bioimaging and Sensing [J]. Adv Opt Mater, 2017, 5(2): 1600446.

[338] ZHOU J, LEAñO JR J L, LIU Z, et al. Impact of Lanthanide Nanomaterials on Photonic Devices and Smart Applications [J]. Small, 2018, 14(40): 1801882.

[339] GU J Q, SUN L D, YAN Z G, et al. Luminescence Resonance Energy Transfer Sensors Based on the Assemblies of Oppositely Charged Lanthanide/Gold Nanoparticles in Aqueous Solution [J]. Chem-Asian J, 2008, 3(10): 1857-1864.

[340] PENG J, XU W, TEOH C L, et al. High-Efficiency in Vitro and in Vivo Detection of Zn^{2+} by Dye-Assembled Upconversion Nanoparticles [J]. J Am Chem Soc, 2015, 137(6): 2336-2342.

[341] ZHAO M, LI B, WU Y, et al. A Tumor-Microenvironment-Responsive Lanthanide - Cyanine FRET Sensor for NIR-Ⅱ Luminescence-Lifetime In Situ Imaging of Hepatocellular Carcinoma [J]. Adv Mater, 2020, 32(28): 2001172.

[342] ZHOU L, WANG R, YAO C, et al. Single-band upconversion nanoprobes for multiplexed simultaneous in situ molecular mapping of cancer biomarkers [J]. Nat Commun, 2015, 6(1): 6938.

[343] CHENG Y, GAO Y, LIN H, et al. Strategy design for ratiometric luminescence thermometry: circumventing the limitation of thermally coupled levels [J]. J Mater Chem C, 2018, 6(28): 7462-7478.

[344] KAMIMURA M, MATSUMOTO T, SUYARI S, et al. Ratiometric near-infrared fluorescence nanothermometry in the OTN-NIR (NIR Ⅱ/Ⅲ) biological window based on rare-earth doped β-$NaYF_4$ nanoparticles [J]. J Mater Chem B, 2017, 5(10): 1917-1925.

[345] BRITES C D S, XIE X, DEBASU M L, et al. Instantaneous ballistic velocity of suspended Brownian nanocrystals measured by upconversion nanothermometry [J]. Nat Nano, 2016, 11(10): 851-856.

[346] PINOL R, BRITES C D S, BUSTAMANTE R, et al. Joining Time-Resolved Thermometry and Magnetic-Induced Heating in a Single Nanoparticle Unveils

Intriguing Thermal Properties [J]. ACS Nano, 2015, 9(3): 3134 - 3142.

[347] SUN X, SUN J, DONG B, et al. Noninvasive temperature monitoring for dual-modal tumor therapy based on lanthanide-doped up-conversion nanocomposites [J]. Biomaterials, 2019, 201: 42 - 52.

[348] XIMENDES E C, SANTOS W Q, ROCHA U, et al. Unveiling in Vivo Subcutaneous Thermal Dynamics by Infrared Luminescent Nanothermometers [J]. Nano Lett, 2016, 16(3): 1695 - 1703.

[349] SEKIYAMA S, UMEZAWA M, KURAOKA S, et al. Temperature Sensing of Deep Abdominal Region in Mice by Using Over-1000 nm Near-Infrared Luminescence of Rare-Earth-Doped $NaYF_4$ Nanothermometer [J]. Sci Rep, 2018, 8(1): 16979.

[350] JIA M, FU Z, LIU G, et al. NIR-Ⅱ/Ⅲ Luminescence Ratiometric Nanothermometry with Phonon-Tuned Sensitivity [J]. Adv Opt Mater, 2020, 8(6):1901173.

[351] NEXHA A, CARVAJAL J J, PUJOL M C, et al. Short-wavelength infrared self-assessed photothermal agents based on Ho, Tm: $KLu(WO_4)_2$ nanocrystals operating in the third biological window (1.45 - 1.96 μm wavelength range) [J]. J Mater Chem C, 2020, 8(1): 180 - 191.

[352] LABRADOR-PáEZ L, PEDRONI M, SPEGHINI A, et al. Reliability of rare-earth-doped infrared luminescent nanothermometers [J]. Nanoscale, 2018, 10(47):22319 - 22328.

[353] BEDNARKIEWICZ A, MARCINIAK L, CARLOS L D, et al. Standardizing luminescence nanothermometry for biomedical applications [J]. Nanoscale, 2020, 12(27): 14405 - 14421.

[354] HAZRA C, SKRIPKA A, RIBEIRO S J L, et al. Erbium Single-Band Nanothermometry in the Third Biological Imaging Window: Potential and Limitations [J]. Adv Opt Mater, 2020, 8(23): 2001178.

[355] QIU X, ZHOU Q, ZHU X, et al. Ratiometric upconversion nanothermometry with dual emission at the same wavelength decoded via a time-resolved technique [J]. Nat Commun, 2020, 11(1): 4.

[356] TAN M, LI F, CAO N, et al. Accurate In Vivo Nanothermometry through NIR-Ⅱ Lanthanide Luminescence Lifetime [J]. Small, 2020, 16(48): 2004118.

[357] HE H, LIU B, WEN S, et al. Quantitative Lateral Flow Strip Sensor Using Highly Doped Upconversion Nanoparticles [J]. Anal Chem, 2018, 90(21): 12356 – 12360.

[358] ZHOU S Y, TU D T, LIU Y, et al. Ultrasensitive Point-of-Care Test for Tumor Marker in Human Saliva Based on Luminescence-Amplification Strategy of Lanthanide Nanoprobes [J]. Adv Sci, 2021, 8(5): 7.

[359] WANG Y G, ZHAO G H, CHI H, et al. Self-Luminescent Lanthanide Metal-Organic Frameworks as Signal Probes in Electrochemiluminescence Immunoassay [J]. J Am Chem Soc, 2021, 143(1): 504 – 512.

[360] KIM S, OHULCHANSKYY T Y, PUDAVAR H E, et al. Organically modified silica nanoparticles co-encapsulating photosensitizing drug and aggregation-enhanced two-photon absorbing fluorescent dye aggregates for two-photon photodynamic therapy [J]. J Am Chem Soc, 2007, 129(9): 2669 – 2675.

[361] SONG J, QU J, SWIHART M T, et al. Near-IR responsive nanostructures for nanobiophotonics: emerging impacts on nanomedicine [J]. Nanomed Nanotechnol, 2016, 12(3): 771 – 788.

[362] KACHYNSKI A V, PLISS A, KUZMIN A N, et al. Photodynamic therapy by in situ nonlinear photon conversion [J]. Nat Photonics, 2014, 8: 455.

[363] ROY I, OHULCHANSKYY T Y, PUDAVAR H E, et al. Ceramic-Based Nanoparticles Entrapping Water-Insoluble Photosensitizing Anticancer Drugs: A Novel Drug-Carrier System for Photodynamic Therapy [J]. J Am Chem Soc, 2003, 125(26): 7860 – 7865.

[364] IDRIS N M, GNANASAMMANDHAN M K, ZHANG J, et al. In vivo photodynamic therapy using upconversion nanoparticles as remote-controlled nanotransducers [J]. Nat Med, 2012, 18(10): 1580 – 1585.

[365] LV R, FENG M, XIAO L, et al. Multilevel Nanoarchitecture Exhibiting Biosensing for Cancer Diagnostics by Dual-Modal Switching of Optical and Magnetic Resonance Signals [J]. ACS Applied Bio Materials, 2018, 1(5): 1505 – 1511.

[366] LIU K, LIU X, ZENG Q, et al. Covalently Assembled NIR Nanoplatform for

Simultaneous Fluorescence Imaging and Photodynamic Therapy of Cancer Cells [J]. ACS Nano, 2012, 6(5): 4054 - 4062.

[367] JIANG X, WANG Y, XU D, et al. Lanthanide-Based Nanocomposites for Photothermal Therapy under Near-Infrared Laser: Relationship between Light and Heat, Biostability, and Reaction Temperature [J]. Langmuir, 2020, 36(15): 4033 - 4043.

[368] AI X, HO C J H, AW J, et al. In vivo covalent cross-linking of photon-converted rare-earth nanostructures for tumour localization and theranostics [J]. Nat Commun, 2016, 7(1): 10432.

[369] XU D, LIU J, WANG Y, et al. Black Phosphorus Nanosheet with High Thermal Conversion Efficiency for Photodynamic/Photothermal/Immunotherapy [J]. Acs Biomater Sci Eng, 2020, 6(9): 4940 - 4948.

[370] DING B, SHAO S, XIAO H, et al. $MnFe_2O_4$-decorated large-pore mesoporous silica-coated upconversion nanoparticles for near-infrared light-induced and O_2 self-sufficient photodynamic therapy [J]. Nanoscale, 2019, 11(31): 14654 - 14667.

[371] WANG J, YAO C, SHEN B, et al. Upconversion-Magnetic Carbon Sphere for Near Infrared Light-Triggered Bioimaging and Photothermal Therapy [J]. Theranostics, 2019, 9(2): 608 - 619.

[372] LV R, YANG D, YANG P, et al. Integration of Upconversion Nanoparticles and Ultrathin Black Phosphorus for Efficient Photodynamic Theranostics under 808 nm Near-Infrared Light Irradiation [J]. Chem Mater, 2016, 28(13): 4724 - 4734.

[373] XU D, YANG F, QU D, et al. Transferred Photothermal to Photodynamic Therapy Based on the Marriage of Ultrathin Titanium Carbide and Up-Conversion Nanoparticles [J]. Langmuir, 2020, 36(43): 13060 - 13069.

[374] FENG L, HE F, LIU B, et al. g-C_3N_4 Coated Upconversion Nanoparticles for 808 nm Near-Infrared Light Triggered Phototherapy and Multiple Imaging [J]. Chem Mater, 2016, 28(21): 7935 - 7946.

[375] DI Z, LIU B, ZHAO J, et al. An orthogonally regulatable DNA nanodevice for spatiotemporally controlled biorecognition and tumor treatment [J]. Sci Adv, 2020, 6(25): eaba9381.

[376] FENG M, WANG Y, LIN B, et al. Degradable pH-responsive NIR-Ⅱ imaging probes based on a polymer-lanthanide composite for chemotherapy [J]. Dalton T, 2020, 49(27): 9444－9453.

[377] RAI P, MALLIDI S, ZHENG X, et al. Development and applications of photo-triggered theranostic agents [J]. Adv Drug Deliver Rev, 2010, 62(11): 1094－1124.

[378] CHEN H M, WANG G D, CHUANG Y J, et al. Nanoscintillator-Mediated X-ray Inducible Photodynamic Therapy for In Vivo Cancer Treatment [J]. Nano Lett, 2015, 15(4): 2249－2256.

[379] WANG J, LIU J, LIU Y, et al. Gd-Hybridized Plasmonic Au-Nanocomposites Enhanced Tumor-Interior Drug Permeability in Multimodal Imaging-Guided Therapy [J]. Adv Mater, 2016, 28(40): 8950－8958.

[380] SON S, KIM J H, WANG X, et al. Multifunctional sonosensitizers in sonodynamic cancer therapy [J]. Chem Soc Rev, 2020, 49(11): 3244－3261.

[381] SHAO Y, LIU B, DI Z, et al. Engineering of Upconverted Metal-Organic Frameworks for Near-Infrared Light-Triggered Combinational Photodynamic/Chemo-/Immunotherapy against Hypoxic Tumors [J]. J Am Chem Soc, 2020, 142(8): 3939－3946.

[382] HU L, WANG P, ZHAO M, et al. Near-infrared rechargeable "optical battery" implant for irradiation-free photodynamic therapy [J]. Biomaterials, 2018, 163: 154－162.

[383] FAKAYODE O J, TSOLEKILE N, SONGCA S P, et al. Applications of functionalized nanomaterials in photodynamic therapy [J]. Biophys Rev, 2018, 10(1):49－67.

[384] MA S, WANG L, LIU Z, et al. "One stone, two birds": engineering 2-D ultrathin heterostructure nanosheet BiNS@$NaLnF_4$ for dual-modal computed tomography/magnetic resonance imaging guided, photonic synergetic theranostics [J]. Nanoscale, 2021, 13(1): 185－194.

[385] POHLAND M, KOBAYASHI Y, GLUMM J. Fluorescence detection of Europium-doped very small superparamagnetic iron oxide nanoparticles in murine hippocampal slice cultures [J]. Neural Regen Res, 2018, 13(4): 637－638.

[386] DAS A, MOHANTY S, KUMAR R, et al. Tailoring the Design of a Lanthanide Complex/Magnetic Ferrite Nanocomposite for Efficient Photoluminescence and Magnetic Hyperthermia Performance [J]. ACS Appl Mater Inter, 2020, 12(37): 42016-42029.

[387] NINGOMBAM G S, NINGTHOUJAM R S, KALKURA S N, et al. Induction Heating Efficiency of Water-Dispersible $Mn_{0.5}Fe_{2.5}O_4$@YVO_4: Eu^{3+} Magnetic-Luminescent Nanocomposites in an Acceptable ac Magnetic Field: Hemocompatibility and Cytotoxicity Studies [J]. J Phys Chem B, 2018, 122(27): 6862-6871.

[388] GAWEDA W, OSIAL M, ZUK M, et al. Lanthanide-Doped SPIONs Bioconjugation with Trastuzumab for Potential Multimodal Anticancer Activity and Magnetic Hyperthermia [J]. Nanomaterials, 2020, 10(2): 288.

[389] LIU Y, MENG X, BU W. Upconversion-based photodynamic cancer therapy [J]. Coord Chem Rev, 2019, 379: 82-98.

[390] ALCINDOR T, WITZIG T E. Radioimmunotherapy with yttrium-90 ibritumomab tiuxetan for patients with relapsed CD20+ B-cell non-Hodgkin's lymphoma [J]. Curr Treat Options Oncol, 2002, 3(4): 275-282.

[391] TAGAWA S T, BELTRAN H, VALLABHAJOSULA S, et al. Anti-prostate-Specific membrane antigen-based radioimmunotherapy for prostate cancer [J]. Cancers, 2010, 116(S4): 1075-1083.

[392] LIU C, SUN H, QIAN J, et al. Biotemplating synthesis and photocatalytic activities of N-doped CeO_2 microcapsule tailored by hemerocallis pollen [J]. Adv Powder Technol, 2017, 28(10): 2741-2746.

[393] GIRI S, KARAKOTI A, GRAHAM R P, et al. Nanoceria: A Rare-Earth Nanoparticle as a Novel Anti-Angiogenic Therapeutic Agent in Ovarian Cancer [J]. Plos One, 2013, 8(1): e54578.

[394] GUBIN M M, ZHANG X, SCHUSTER H, et al. Checkpoint blockade cancer immunotherapy targets tumour-specific mutant antigens [J]. Nature, 2014, 515(7528):577-581.

[395] ZHANG C, PU K. Molecular and nanoengineering approaches towards activatable

cancer immunotherapy [J]. Chem Soc Rev, 2020, 49(13): 4234 - 4253.

[396] DAI Y, ZHANG C, CHENG Z, et al. pH-responsive drug delivery system based on luminescent CaF_2: Ce^{3+}/Tb^{3+}-poly (acrylic acid) hybrid microspheres [J]. Biomaterials, 2012, 33(8): 2583 - 2592.

[397] CHEN M, CHEN Q. Biomaterial-assisted photoimmunotherapy for cancer [J]. Biomater Sci, 2020, 8(21): 5846 - 5858.

[398] LV R, YANG P, HE F, et al. An imaging-guided platform for synergistic photodynamic/photothermal/chemo-therapy with pH/temperature-responsive drug release [J]. Biomaterials, 2015, 63: 115 - 127.

[399] LV R, YANG P, HU B, et al. In Situ Growth Strategy to Integrate Up-Conversion Nanoparticles with Ultrasmall CuS for Photothermal Theranostics [J]. ACS Nano, 2017, 11(1): 1064 - 1072.

[400] LIN B, LIU J, WANG Y, et al. Enhanced Upconversion Luminescence-Guided Synergistic Antitumor Therapy Based on Photodynamic Therapy and Immune Checkpoint Blockade [J]. Chem Mater, 2020, 32(11): 4627 - 4640.

[401] WU J, LIU J, LIN B, et al. Met-Targeted Dual-Modal MRI/NIR Ⅱ Imaging for Specific Recognition of Head and Neck Squamous Cell Carcinoma [J]. ACS Biomater Sci Eng, 2021, 7(4): 1640 - 1650.

[402] QIN X, LIU J, XU Y, et al. Mesoporous Bi-Containing Radiosensitizer Loading with DOX to Repolarize Tumor-Associated Macrophages and Elicit Immunogenic Tumor Cell Death to Inhibit Tumor Progression [J]. ACS Appl Mater Int, 2020, 12(28): 31225 - 31234.

[403] LV R, WANG Y, LIU J, et al. When a Semiconductor Utilized as an NIR Laser-Responsive Photodynamic/Photothermal Theranostic Agent Integrates with Upconversion Nanoparticles [J]. ACS Biomater Sci Eng, 2019, 5(6): 3100 - 3110.

[404] LIU J, BU W, PAN L, et al. NIR-Triggered Anticancer Drug Delivery by Upconverting Nanoparticles with Integrated Azobenzene-Modified Mesoporous Silica [J]. Angew Chem Int Ed, 2013, 52(16): 4375 - 4379.

[405] TENG B, HAN Y, ZHANG X, et al. Phenanthriplatin (Ⅳ) conjugated multifunctional up-converting nanoparticles for drug delivery and biomedical

imaging [J]. J Mater Chem B, 2018, 6(31): 5059 - 5068.

[406] JU Q, TU D, LIU Y, et al. Amine-Functionalized Lanthanide-Doped $KGdF_4$ Nanocrystals as Potential Optical/Magnetic Multimodal BioProbes [J]. J Am Chem Soc, 2012, 134(2): 1323 - 1330.

[407] RICH L J, DAMASCO J A, BULMAHN J C, et al. Photoacoustic and Magnetic Resonance Imaging of Hybrid Manganese Dioxide-Coated Ultra-Small $NaGdF_4$ Nanoparticles for Spatiotemporal Modulation of Hypoxia in Head and Neck Cancer [J]. Cancers, 2020, 12(11): 3294.

[408] REN F, LIU H, ZHANG H, et al. Engineering NIR-Ⅱb fluorescence of Er-based lanthanide nanoparticles for through-skull targeted imaging and imaging-guided surgery of orthotopic glioma [J]. Nano Today, 2020, 34: 100905.

[409] LEE S B, HASSAN M, FISHER R, et al. Affibody molecules for in vivo characterization of HER2 - positive tumors by near-infrared imaging [J]. Clin Cancer Res, 2008, 14(12): 3840 - 3849.

[410] TANO H, OROUJENI M, VOROBYEVA A, et al. Comparative Evaluation of Novel ^{177}Lu-Labeled PNA Probes for Affibody-Mediated PNA-Based Pretargeting [J]. Cancers, 2021, 13(3): 500.

[411] CHEN J, JIANG Y, CHANG T S, et al. Multiplexed endoscopic imaging of Barrett's neoplasia using targeted fluorescent heptapeptides in a phase 1 proof-of-concept study [J]. Gut, 2021, 70(6): 1010 - 1013.

[412] SHI L, SORDILLO L A, RODRíGUEZ-CONTRERAS A, et al. Transmission in near-infrared optical windows for deep brain imaging [J]. J Biophotonics, 2016, 9(1/2):38 - 43.

[413] FENG Y, XIAO Q, ZHANG Y, et al. Neodymium-doped $NaHoF_4$ nanoparticles as near-infrared luminescent/T_2-weighted MR dual-modal imaging agents in vivo [J]. J Mater Chem B, 2017, 5(3): 504 - 510.

[414] WANG T, WANG S, LIU Z, et al. A hybrid erbium(Ⅲ)-bacteriochlorin near-infrared probe for multiplexed biomedical imaging [J]. Nat Mater, 2021, 20(11): 1571 - 1578.

[415] XUE Z, ZENG S, HAO J. Non-invasive through-skull brain vascular imaging and

small tumor diagnosis based on NIR-Ⅱ emissive lanthanide nanoprobes beyond 1500 nm [J]. Biomaterials, 2018, 171: 153 - 163.

[416] DENG Z, LI X, XUE Z, et al. A high performance Sc-based nanoprobe for through-skull fluorescence imaging of brain vessels beyond 1500 nm [J]. Nanoscale, 2018, 10(19): 9393 - 9400.

[417] LI X, JIANG M, ZENG S, et al. Polydopamine coated multifunctional lanthanide theranostic agent for vascular malformation and tumor vessel imaging beyond 1500 nm and imaging-guided photothermal therapy [J]. Theranostics, 2019, 9(13):3866 - 3878.

[418] SONG D, ZHU M, CHI S, et al. Sensitizing the Luminescence of Lanthanide-Doped Nanoparticles over 1500 nm for High-Contrast and Deep Imaging of Brain Injury [J]. Anal Chem, 2021, 93(22): 7949 - 7957.

[419] PLISS A, OHULCHANSKYY T Y, CHEN G, et al. Subcellular Optogenetics Enacted by Targeted Nanotransformers of Near-Infrared Light [J]. ACS Photonics, 2017, 4(4): 806 - 814.

[420] SINGH A, KIM W, KIM Y, et al. Multifunctional Photonics Nanoparticles for Crossing the Blood - Brain Barrier and Effecting Optically Trackable Brain Theranostics [J]. Adv Funct Mater, 2016, 26(39): 7057 - 7066.

[421] LV R, WANG D, XIAO L, et al. Stable ICG-loaded upconversion nanoparticles: silica core/shell theranostic nanoplatform for dual-modal upconversion and photoacoustic imaging together with photothermal therapy [J]. Sci Rep, 2017, 7(1):15753.

[422] LIN X, CHEN X, ZHANG W, et al. Core-Shell-Shell Upconversion Nanoparticles with Enhanced Emission for Wireless Optogenetic Inhibition [J]. Nano Lett, 2018, 18(2): 948 - 956.

[423] SHAH S, LIU J J, PASQUALE N, et al. Hybrid upconversion nanomaterials for optogenetic neuronal control [J]. Nanoscale, 2015, 7(40): 16571 - 16577.

[424] AO Y, ZENG K, YU B, et al. An Upconversion Nanoparticle Enables Near Infrared-Optogenetic Manipulation of the Caenorhabditis elegans Motor Circuit [J]. ACS Nano, 2019, 13(3): 3373 - 3386.

[425] HOSOSHIMA S, YUASA H, ISHIZUKA T, et al. Near-infrared (NIR) up-conversion optogenetics [J]. Sci Rep, 2015, 5(1): 16533.

[426] CHEN S, WEITEMIER A Z, ZENG X, et al. Near-infrared deep brain stimulation via upconversion nanoparticle-mediated optogenetics [J]. Science, 2018, 359(6376):679.

[427] WANG Y, LIN X, CHEN X, et al. Tetherless near-infrared control of brain activity in behaving animals using fully implantable upconversion microdevices [J]. Biomaterials, 2017, 142: 136 - 148.

[428] BANSAL A, LIU H, JAYAKUMAR M K G, et al. Quasi-Continuous Wave Near-Infrared Excitation of Upconversion Nanoparticles for Optogenetic Manipulation of C. elegans [J]. Small, 2016, 12(13): 1732 - 1743.

[429] BAO G, JIN D. Nanoparticles give mice infrared vision [J]. Nat Photonics, 2019, 13(5): 304 - 305.

[430] ZHANG Y, ZHANG W, ZENG K, et al. Upconversion Nanoparticles-Based Multiplex Protein Activation to Neuron Ablation for Locomotion Regulation [J]. Small, 2020, 16(8): 1906797.

[431] MA Y, BAO J, ZHANG Y, et al. Mammalian Near-Infrared Image Vision through Injectable and Self-Powered Retinal Nanoantennae [J]. Cell, 2019, 177(2): 243 - 255.e215.

[432] ZHOU T, PLISS A, CHEN Y, et al. A dual mode nanophotonics concept for in situ activation of brain immune cells using a photoswitchable yolk-shell upconversion nanoformulation [J]. Nanomed Nanotechnol, 2020, 29: 102279.

[433] LI D, HE S, WU Y, et al. Excretable Lanthanide Nanoparticle for Biomedical Imaging and Surgical Navigation in the Second Near-Infrared Window [J]. Adv Sci, 2019, 6(23): 1902042.

[434] ZHANG X, HE S, DING B, et al. Cancer cell membrane-coated rare earth doped nanoparticles for tumor surgery navigation in NIR-Ⅱ imaging window [J]. Chem Eng J, 2020, 385: 123959.

[435] SINGH S, AGGARWAL A, BHUPATHIRAJU N V S D K, et al. Glycosylated Porphyrins, Phthalocyanines, and Other Porphyrinoids for Diagnostics and

Therapeutics [J]. Chem Rev, 2015, 115(18): 10261 - 10306.

[436] BLUM A P, KAMMEYER J K, RUSH A M, et al. Stimuli-Responsive Nanomaterials for Biomedical Applications [J]. J Am Chem Soc, 2015, 137(6): 2140 - 2154.

[437] JALANI G, TAM V, VETRONE F, et al. Seeing, Targeting and Delivering with Upconverting Nanoparticles [J]. J Am Chem Soc, 2018, 140(35): 10923 - 10931.

[438] LAI J, ZHANG Y, PASQUALE N, et al. An Upconversion Nanoparticle with Orthogonal Emissions Using Dual NIR Excitations for Controlled Two-Way Photoswitching [J]. Angew Chem Int Ed, 2014, 53(52): 14419 - 14423.

[439] YAN C, WAGNER M J. Air- and Water-Stable Gold-Coated Gadolinium Metal Nanocrystals [J]. Nano Lett, 2013, 13(6): 2611 - 2614.

[440] GE X, SONG Z M, SUN L, et al. Lanthanide (Gd^{3+} and Yb^{3+}) functionalized gold nanoparticles for in vivo imaging and therapy [J]. Biomaterials, 2016, 108: 35 - 43.

[441] MCLNTOSH L M, JACKSON M, MANTSCH H H, et al. Infrared Spectra of Basal Cell Carcinomas are Distinct from Non-Tumor-Bearing Skin Components [J]. J Invest Dermatol, 1999, 112(6): 951 - 956.

[442] MEHROTRA R, TYAGI G, JANGIR D K, et al. Analysis of Ovarian Tumor Pathology by Fourier Transform Infrared Spectroscopy [J]. J Ovarian Res, 2010, 3(1): 27.

[443] MEHROTRA R, GUPTA A, KAUSHIK A, et al. Infrared Spectroscopic Analysis of Tumor Pathology [J]. Indian J Exp Biol, 2007, 45(1): 71 - 76.

[444] LEWIS P D, LEWIS K E, GHOSAL R, et al. Evaluation of FTIR Spectroscopy as a Diagnostic Tool for Lung Cancer Using Sputum [J]. BMC Cancer, 2010, 10(1): 640.

[445] GROßERUESCHKAMP F, KALLENBACH-THIELTGES A, BEHRENS T, et al. Marker-Free Automated Histopathological Annotation of Lung Tumour Subtypes by FTIR Imaging [J]. Analyst, 2015, 140(7): 2114 - 2120.

[446] LIU H, SU Q, SHENG D, et al. Comparison of Red Blood Cells From Gastric Cancer Patients and Healthy Persons Using FTIR Spectroscopy [J]. J Mol Struct, 2017, 1130: 33 - 37.

[447] PENG X, DAI R, MA Y, et al. Early Diagnosis and Bioimaging of Lung Adenocarcinoma Cells/Organs Based on Spectroscopy Machine Learning [J]. J Innov Opt Heal Sci, 2022, 15(02): 2250011.

[448] LARIOS G, RIBEIRO M, ARRUDA C, et al. A New Strategy for Canine Visceral Leishmaniasis Diagnosis Based on FTIR Spectroscopy and Machine Learning [J]. Biophotonics, 2021, 14(11): e202100141.

[449] KORB E, BACIOGLU M, GARNER-SPITZER E, et al. Machine Learning-Empowered FTIR Spectroscopy Serum Analysis Stratifies Healthy, Allergic, and SIT-Treated Mice and Humans [J]. Biomolecules, 2020, 10(7): 1058.

[450] ITO H, URAGAMI N, MIYAZAKI T, et al. Highly Accurate Colorectal Cancer Prediction Model Based on Raman Spectroscopy Using Patient Serum [J]. World J Gastro Oncol, 2020, 12(11): 1311-1324.

[451] KUKULA K, FARMER D, DURAN J, et al. Rapid Detection of Bacteria Using Raman Spectroscopy and Deep Learning[C]. 2021 IEEE 11th Annual Computing and Communication Workshop and Conference (CCWC), January 27-30, 2021, 0796-0799.

[452] SHIN H, OH S, HONG S, et al. Early-Stage Lung Cancer Diagnosis by Deep Learning-Based Spectroscopic Analysis of Circulating Exosomes [J]. ACS Nano, 2020, 14 (5): 5435-5444.

[453] TONG D, CHEN C, ZHANG J, et al. Application of Raman Spectroscopy in the Detection of Hepatitis B Virus Infection [J]. Photodiagn Photodyn, 2019, 28: 248-252.

[454] BANAEI N, MOSHFEGH J, MOHSENI-KABIR A, et al. Machine Learning Algorithms Enhance the Specificity of Cancer Biomarker Detection Using SERS-based Immunoassays in Microfluidic Chips [J]. RSC Adv , 2019, 9 (4): 1859-1868.

[455] ZHANG L H, LI C J, PENG D, et al. Raman Spectroscopy and Machine Learning for the Classification of Breast Cancers [J]. Spectrochim Acta A, 2022, 264: 120300.

[456] ULLAH R, KHAN S, ALI H, et al. A Comparative Study of Machine Learning

Classifiers for Risk Prediction of Asthma Disease [J]. Photodiagn Photodyn, 2019, 28: 292 - 296.

[457] HE C, WU X R, ZHOU J L, et al. Raman Optical Identification of Renal Cell Carcinoma via Machine Learning Spectrochim [J]. Acta A, 2021, 252: 119520.

[458] BRATCHENKO I A, KHRISTOFOROVA Y A, MORYATOV A A, et al. Classification of Skin Cancer Using Convolutional Neural Networks Analysis of Raman Spectra [J]. Comput Meth Prog Bio, 2022, 219: 106755.

[459] MENG K, CHEN T, ZHU L, et al. Terahertz Pulsed Spectroscopy of Paraffin-Embedded Brain Glioma [J]. J Biomed Opt, 2014, 19(7): 077001.

[460] KAWASE K, OGAWA Y, WATANABE Y, et al. Non-Destructive Terahertz Imaging of Illicit Drugs Using Spectral Fingerprints [J]. Opt Express, 2003, 11(20):2549 - 2554.

[461] LIU H B, CHEN Y, ZHANG X C. Characterization of Anhydrous and Hydrated Pharmaceutical Materials with THz Time-Domain Spectroscopy [J]. J Pharm Sci, 2007, 96(4): 927 - 934.

[462] WANG Y, WANG G, XU D, et al. Terahertz Spectroscopic Diagnosis of Early Blast-Induced Traumatic Brain Injury in Rats [J]. Biomed Opt Express, 2020, 11(8): 4085 - 4098.

[463] LYKINA A A, NAZAROV M M, KONNIKOVA M R, et al. Terahertz Spectroscopy of Diabetic and Non-Diabetic Human Blood Plasma Pellets [J]. J Biomed Opt, 2021, 26(4): 043006.

[464] KISTENEV Y V, TENENEVA A V, SOROKINA T V, et al. Diagnosis of Diabetes Based on Analysis of Exhaled Air by Terahertz Spectroscopy and Machine Learning [J]. Opt Spectrosc, 2020, 128(6): 809 - 814.

[465] KONNIKOVA M R, CHERKASOVA O P, NAZAROV M M, et al. Malignant and Benign Thyroid Nodule Differentiation Through the Analysis of Blood Plasma with Terahertz Spectroscopy [J]. Biomed Opt Express, 2021, 12(2): 1020 - 1035.

[466] CHERKASOVA O, PENG Y, KONNIKOVA M, et al. Diagnosis of Glioma Molecular Markers by Terahertz Technologies[J]. Photonics, 2021, 8(1): 22.

[467] GAN J, ZHOU L, CUI J, et al. Classification of Blood Species Using Fluorescence Spectroscopy Combined with Deep Learning Method [J]. J Appl Phys , 2019, 07(10): 2324 - 2332.

[468] LI Y, XIE X, YANG X, et al. Diagnosis of Early Gastric Cancer Based on Fluorescence Hyperspectral Imaging Technology Combined with Partial-Least-Square Discriminant Analysis and Support Vector Machine [J]. Biophotonics, 2019, 12(5): e201800324.

[469] GU J, FU C Y, NG B K, et al. Quantitative Diagnosis of Cervical Neoplasia Using Fluorescence Lifetime Imaging on Haematoxylin and Eosin Stained Tissue Sections [J]. Biophotonics, 2014, 7(7): 483 - 491.

[470] SHAO H, CAO L, LIU Y. A detection Approach for Solitary Pulmonary Nodules Based on CT Images, Proceedings of 2012 2nd International Conference on Computer Science and Network Technology, 2012, 1253 - 1257.

[471] CHMELIK J, JAKIBICEK R, WALEK P, et al. Deep Convolutional Neural Network-Based Segmentation and Classification of Difficult to Define Metastatic Spinal Lesions in 3D CT Data [J]. Med Image Anal , 2018, 49: 76 - 88.

[472] SPECHT A J, WEISSKOPF M, NIE L H. Portable XRF Technology to Quantify Pb in Bone In Vivo [J]. Journal of Biomarkers, 2014, 2014: 398032.

[473] FENG J, FENG T, YANG C, et al. Feasibility Study of Stain-Free Classification of Cell Apoptosis Based on Diffraction Imaging Flow Cytometry and Supervised Machine Learning Techniques [J]. Apoptosis, 2018, 23(5/6): 290 - 298.

[474] XUE Z, LI X, LI Y, et al. X-ray-Activated Near-Infrared Persistent Luminescent Probe for Deep-Tissue and Renewable in Vivo Bioimaging [J]. ACS Appl Mater Int, 2017, 9(27): 22132 - 22142.

[475] XUE Z, LI X, LI Y, et al. A 980 nm laser-activated upconverted persistent probe for NIR-to-NIR rechargeable in vivo bioimaging [J]. Nanoscale, 2017, 9(21): 7276 - 7283.